Geodesia

Origen y evolución

WATZECK HOME STUDIUS DIGITAL
2024

PREFACIO

La geodesia, la ciencia de medir y representar la Tierra, tiene una historia rica y fascinante que se remonta a los inicios de la civilización. Desde los antiguos egipcios, que utilizaban la geometría para medir sus tierras agrícolas, hasta los satélites modernos que monitorean el cambio climático global, la geodesia ha desempeñado un papel crucial en el avance del conocimiento humano.

Este libro, "Geodesia – Origen y Evolución", es un viaje a través del tiempo y el espacio, explorando cómo se ha desarrollado esta disciplina a lo largo de los siglos. La geodesia es una ciencia multidisciplinaria que incorpora elementos de matemáticas, física, astronomía y tecnología. Su evolución refleja la progresión del pensamiento científico y el desarrollo de herramientas y técnicas que nos permiten comprender mejor nuestro planeta.

A lo largo de este libro, examinaremos las contribuciones de figuras históricas notables, desde los antiguos geómetras griegos hasta los científicos de la era espacial. Exploraremos cómo los avances en instrumentos y tecnologías han transformado la forma en que medimos y representamos la Tierra. Y finalmente, discutiremos las aplicaciones modernas de la geodesia, que van desde la navegación y la ingeniería hasta el monitoreo ambiental y la gestión de recursos naturales.

Escribir este libro fue un viaje de descubrimiento y aprendizaje. Espero que los lectores lo encuentren una rica fuente de información e inspiración, tal como lo hice yo durante su creación. La geodesia no es sólo una ciencia técnica; Es una ventana a la historia de la humanidad y a nuestro esfuerzo continuo por comprender el mundo que nos rodea.

Me gustaría expresar mi gratitud a todos los que contribuyeron a este trabajo, directa o indirectamente. Y a los lectores, cuya curiosidad y deseo de aprender son la verdadera motivación para escribir este libro.

Que este trabajo sea un punto de partida para nuevas exploraciones y descubrimientos en la fascinante ciencia de la geodesia.

Con apreciación,

José   Ruiz   Watzeck.

resumen

INTRODUCCIÓN...1

CAPÍTULO 1: DEFINICIÓN Y CONCEPTOS BÁSICOS 4

CAPÍTULO 2: HISTORIA DE LA GEODESIA...........................10

CAPÍTULO 3: LA REVOLUCIÓN CIENTÍFICA Y LA GEODESIA...27

CAPÍTULO 4: LA ERA MODERNA DE LA GEODESIA.........33

CAPITULO 5: GEODESIA ESPACIAL.................................37

CAPÍTULO 6: LA TOPOGRAFÍA Y SU RELACIÓN CON LA GEODESIA..42

CAPÍTULO 7: TOPOGRAFÍA..47

CAPÍTULO 8: EL GEOPROCESAMIENTO Y SUS APLICACIONES 68

CAPÍTULO 9: CARTOGRAFÍA TEMÁTICA..........................78

CONSIDERACIONES FINALES.......................................97

REFERENCIAS BIBLIOGRÁFICAS 100

INTRODUCCIÓN

La geodesia, una de las ciencias más antiguas y a la vez más modernas, es la base sobre la que se sustentan muchos de nuestros avances tecnológicos y científicos. Desde los primeros días de la civilización, la necesidad de medir y mapear nuestro mundo impulsó el desarrollo de técnicas e instrumentos que se han perfeccionado a lo largo de los siglos.

La palabra "geodesia" proviene del griego antiguo y significa literalmente "división de la Tierra". Sin embargo, la geodesia es mucho más que simplemente dividir o medir la tierra. Es la ciencia que nos permite comprender la forma, orientación en el espacio y campo gravitacional de la Tierra, con aplicaciones que van desde la cartografía y la navegación hasta la gestión de recursos naturales y el monitoreo ambiental.

Este libro, "Geodesia – Origen y Evolución", pretende ser una guía completa que recorra la trayectoria de esta ciencia desde sus inicios hasta la actualidad. Dividido en capítulos que abordan tanto el desarrollo histórico como los avances tecnológicos y las aplicaciones contemporáneas, el objetivo es proporcionar al lector una visión completa e integrada de la geodesia.

En el primer capítulo presentaremos los conceptos básicos y la definición de geodesia, diferenciándola de otras disciplinas y destacando su importancia. En el segundo capítulo, emprenderemos un viaje a través de la historia, explorando los primeros intentos de medir la Tierra por parte de las civilizaciones antiguas, pasando por el papel crucial de la astronomía en la Edad Media y llegando a los grandes avances de la Revolución Científica.

En el futuro, examinaremos la era moderna, donde la precisión de las mediciones geodésicas ha aumentado exponencialmente gracias al desarrollo de nuevos instrumentos y técnicas. La era espacial trajo consigo una revolución en la geodesia, con los satélites permitiendo una comprensión más detallada y precisa de nuestro planeta.

En los capítulos finales, discutiremos las últimas tecnologías y las direcciones futuras de la geodesia, explorando sus aplicaciones prácticas en diversas áreas y los desafíos que aún enfrentamos. La geodesia, con sus intersecciones con otras ciencias y tecnologías, seguirá evolucionando, ofreciendo nuevas herramientas y conocimientos para resolver los problemas de nuestro mundo.

Espero que este libro no sólo informe, sino que también inspire. La geodesia es una ciencia viva, llena de descubrimientos apasionantes y posibilidades ilimitadas. Que este trabajo sirva como una invitación a explorar y valorar la riqueza y profundidad de esta fascinante disciplina.

Ya seas estudiante, profesional o simplemente curioso, te invito a sumergirte en este viaje a través del tiempo y el espacio, descubriendo la geodesia en todas sus dimensiones.

CAPÍTULO 1: DEFINICIÓN Y CONCEPTOS BÁSICOS

¿Qué es la geodesia?

La geodesia es la ciencia que estudia la forma, dimensiones y campo gravitacional de la Tierra. Se encarga de medir y representar la superficie terrestre, considerando sus variaciones naturales y artificiales. Además, la geodesia implica el desarrollo de sistemas de referencia, que son esenciales para la cartografía, la navegación y otras aplicaciones geográficas.

En esencia, la geodesia combina aspectos de las matemáticas, la física y la astronomía para proporcionar una comprensión precisa y detallada de nuestro planeta. El objetivo principal es determinar la posición de puntos en la superficie terrestre con la máxima precisión posible, considerando variaciones en la forma y el campo gravitacional de la Tierra.

Términos y conceptos fundamentales

Para comprender la geodesia es fundamental familiarizarse con algunos términos y conceptos básicos:

Elipsoide de referencia: modelo matemático simplificado de la Tierra, que asume una forma elipsoidal para facilitar los cálculos geodésicos. El elipsoide de referencia se ajusta para acercarse lo más posible a la forma real de la Tierra.

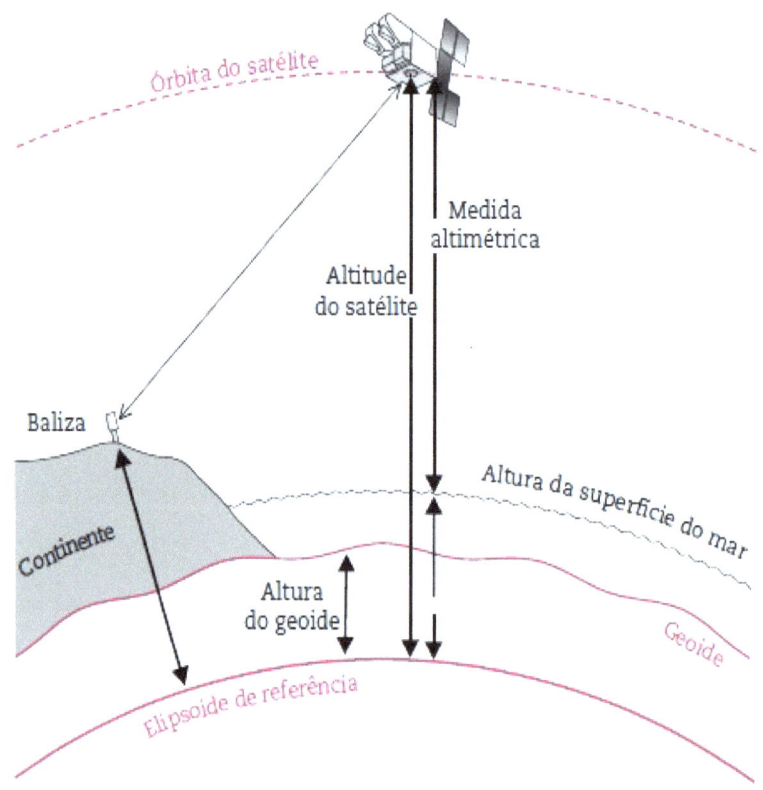

Geoide: Superficie equipotencial del campo gravitacional de la Tierra que coincide con el nivel medio de los océanos. El geoide se utiliza como referencia más precisa para las mediciones de altitud.

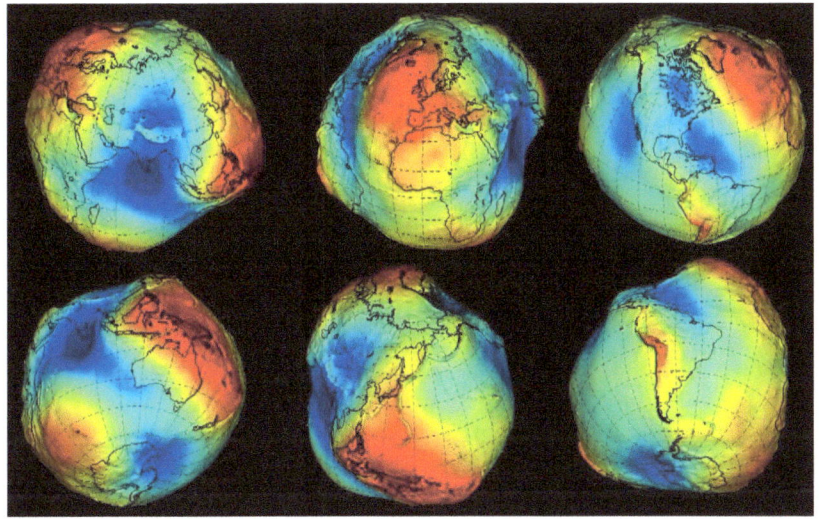
geoide

Datum geodésico: sistema de referencia que incluye un elipsoide de referencia y un punto de origen, utilizado para definir coordenadas geográficas. Existen varios datos geodésicos utilizados en diferentes regiones del mundo.

Coordenadas geográficas: un sistema de coordenadas que utiliza la latitud y la longitud para definir la posición de un punto en la superficie de la Tierra.

Triangulación: método de medición geodésica que implica la creación de una red de triángulos conectados. Se miden distancias y ángulos entre puntos conocidos para determinar las posiciones de otros puntos.

Nivelación: Proceso de medición de diferencias de altura entre puntos de la superficie terrestre, fundamental para determinar altitudes y crear mapas topográficos.

Diferencia entre geodesia y otras ciencias geográficas

La geodesia a menudo se confunde con otras disciplinas geográficas, como la cartografía y la topografía. Aunque todas estas ciencias están interrelacionadas, cada una tiene su enfoque específico:

Cartografía: El arte y la ciencia de crear mapas. La cartografía utiliza datos geodésicos para representar gráficamente la superficie de la Tierra, pero su enfoque principal es la presentación visual y la comunicación de información geográfica.

Topografía: Práctica de medir y representar las características físicas de la superficie de la Tierra, como elevaciones, depresiones y otras características naturales y artificiales. La topografía es una aplicación práctica de la geodesia, que se centra en áreas más pequeñas y detalles más específicos.

Geoinformática: campo que combina la recopilación, el análisis y la interpretación de datos geográficos utilizando tecnologías como los sistemas de información geográfica (SIG) y la teledetección. La geoinformática utiliza información geodésica para el análisis espacial y la toma de decisiones.

La importancia de la geodesia

Esta ciencia juega un papel crucial en varias áreas de la vida moderna. Entre sus aplicaciones más importantes se encuentran:

Navegación y transporte: proporciona la base para los sistemas de navegación, como el GPS, que son esenciales para la aviación, la navegación marítima y el transporte terrestre.

Ingeniería y construcción: Las mediciones geodésicas precisas son fundamentales para los proyectos de ingeniería y construcción, ya que garantizan que estructuras como puentes, edificios y carreteras se construyan correctamente.

Monitoreo ambiental: la geodesia se utiliza para monitorear cambios en la superficie de la Tierra, como el movimiento de las placas tectónicas, el aumento del nivel del mar y el hundimiento de la tierra. Esta información es vital para gestionar los desastres naturales y preservar el medio ambiente.

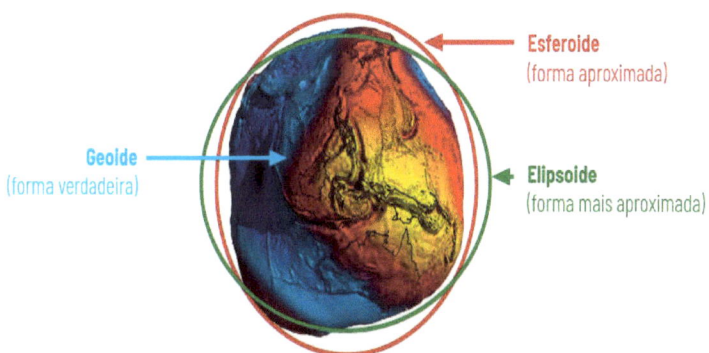

Investigación científica: la disciplina proporciona datos esenciales para diversas investigaciones científicas, incluidos estudios sobre el clima, la geodinámica y la exploración espacial.

La geodesia es una ciencia fundamental que sustenta muchas de las tecnologías y aplicaciones modernas que consideramos esenciales en nuestra vida cotidiana. Con una comprensión básica de sus conceptos y terminologías, podremos apreciar mejor la importancia de esta disciplina y su impacto duradero en nuestra sociedad.

En los siguientes capítulos, exploraremos la rica historia de la geodesia, desde sus orígenes antiguos hasta los avances tecnológicos del siglo XXI. Veremos cómo esta ciencia ha evolucionado con el tiempo y cómo sigue desempeñando un papel crucial en nuestra comprensión e interacción con el mundo.

CAPÍTULO 2: HISTORIA DE LA GEODESIA

La historia de la geodesia es un viaje fascinante que abarca milenios y refleja la evolución del conocimiento y la tecnología humanos. En este capítulo, exploraremos cómo diferentes civilizaciones y períodos históricos contribuyeron al desarrollo de esta ciencia, comenzando con la antigüedad, pasando por la Edad Media y culminando con la Revolución Científica.

Los antiguos egipcios fueron pioneros en la aplicación de técnicas geométricas para medir y dividir la tierra. Desarrollaron métodos precisos de topografía, fundamentales para la construcción de las pirámides y la gestión agrícola a lo largo del río Nilo. El uso de cuerdas estiradas y estacas para crear líneas rectas y ángulos permitió a los egipcios establecer medidas de tierras agrícolas después de las inundaciones anuales del Nilo.

Los antiguos griegos hicieron avances significativos en geodesia mediante el desarrollo de conceptos matemáticos y geométricos. Pitágoras y Euclides aportaron fundamentos geométricos que se utilizarían en las mediciones terrestres. Eratóstenes de Cirene, por ejemplo, realizó una de las primeras mediciones conocidas de la circunferencia de la Tierra en el siglo III a. C. utilizando la diferencia en el ángulo de sombra entre Alejandría y Siena.

Los romanos heredaron el conocimiento geodésico de los griegos y lo ampliaron hasta crear una vasta red de caminos y acueductos. Desarrollaron instrumentos como la groma, utilizada para alinear calles y construir ciudades con precisión. La administración eficiente del Imperio Romano dependía de mapas precisos y de la capacidad de medir distancias con precisión.

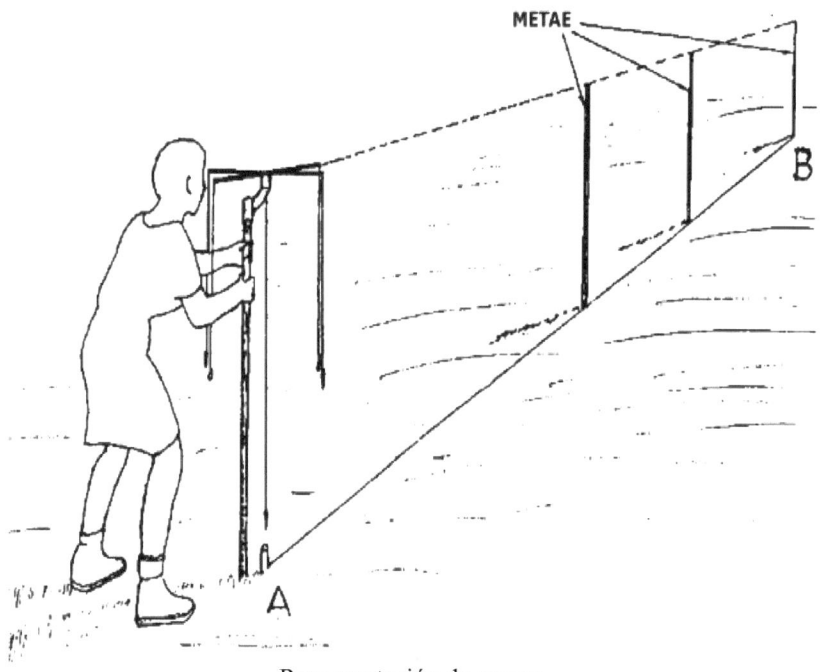

Representación de groma

Representación de groma

Contribuciones árabes y medievales

Durante la Edad Media, mientras Europa occidental enfrentaba un período de estancamiento científico, el mundo islámico florecía en conocimiento e innovación. Los geodesistas árabes como Al-Biruni y Al-Idrisi lograron importantes avances en la medición de la Tierra y la creación de mapas. Al-Biruni, en el siglo XI, calculó con precisión el radio de la Tierra y contribuyó significativamente a la cartografía.

Importancia de la astronomía

La astronomía jugó un papel crucial en la geodesia medieval. La necesidad de determinar el lugar preciso para la oración hacia La Meca animó a los científicos islámicos a desarrollar técnicas avanzadas de medición astronómica. Instrumentos como el astrolabio y la cuadratura fueron perfeccionados y utilizados tanto para la navegación como para la geodesia.

astrolabio

El Renacimiento europeo marcó un período de redescubrimiento y expansión del conocimiento científico. Figuras como Galileo Galilei, Johannes Kepler e Isaac Newton revolucionaron la comprensión del mundo natural, influyendo directamente en la geodesia. La teoría heliocéntrica de Copérnico y las leyes del movimiento de Kepler proporcionaron una nueva base para las mediciones geodésicas.

Desarrollo de nuevos instrumentos

Quadratura
(Astronomia)

Configuração de um objeto celestial na qual seu alongamento (separação angular entre o Sol e o planeta, com Terra como ponto de referência) é perpendicular à direção do Sol.

Quadratura

P_2

T_2

β

α

Oposição

Sol

T_1

P_1

Órbita da Terra

sem escala

Órbita de um Planeta Exterior

C. Crumez, adaptado de
http://www.cultureatff.org/astronomie24.htm

Representación: cuadratura

El período de la Revolución Científica vio la creación y mejora de instrumentos geodésicos cruciales. El telescopio, inventado por Galileo, permitió realizar mediciones astronómicas más precisas. El teodolito, un instrumento esencial para medir ángulos horizontales y verticales, fue desarrollado y perfeccionado durante este período, facilitando la creación de redes de triangulación más precisas.

Mediciones Geodésicas en el Siglo XIX - Triangulación y Redes de Control

El siglo XIX fue una era de expansión y precisión en las mediciones geodésicas. La técnica de triangulación, que

Imagen: Teodolito; en latón, compás, monóculo y nivel.

Implica la creación de una red de triángulos conectados, se ha convertido en un estándar para grandes estudios geodésicos. En muchos países se han establecido redes de control que permiten realizar mediciones de alta precisión en grandes áreas.

Geodesistas notables como Carl Friedrich Gauss y Pierre-Simon Laplace hicieron importantes contribuciones en el siglo XIX. Gauss, uno de los más grandes matemáticos de la historia, aplicó sus conocimientos para desarrollar métodos más precisos para calcular redes de triangulación. Laplace contribuyó a la teoría del potencial gravitacional, fundamental para comprender el geoide.

La era espacial y la geodesia: los satélites geodésicos y la medición de la Tierra

La llegada de la era espacial supuso una revolución para esta ciencia. Los satélites geodésicos, como los de la serie Lageos, han permitido realizar mediciones extremadamente precisas de la forma y el campo gravitacional de la Tierra. Estos satélites ayudaron a definir el sistema de referencia de la Tierra con una precisión sin precedentes.

Sobre Lageos

El 4 de mayo de 1976, la NASA lanzó un satélite con forma de bala de cañón que revolucionó los estudios sobre la forma, la rotación y el campo gravitacional de la Tierra.

LAGEOS (Satélite Geodinámico Láser) fue el primer satélite de la NASA dedicado a la técnica de medición de precisión llamada alcance láser. Con esta tecnología, los científicos pudieron medir el movimiento de las placas tectónicas de la Tierra, detectar irregularidades en la rotación del planeta, determinar su masa y rastrear pequeños cambios en su centro de masa.

Pequeñas variaciones en la órbita del satélite ayudaron a desarrollar los primeros modelos del campo gravitacional de la Tierra. Otras perturbaciones en órbita explicaron cómo la luz solar que calienta objetos pequeños puede influir en sus trayectorias, incluidos los asteroides cercanos a la Tierra.

Diseñado para durar, el satélite de 400 kilogramos es pasivo, sin sensores, electrónica a bordo ni piezas móviles. Su núcleo de latón está cubierto por una carcasa de aluminio dotada de 426 retrorreflectores, lo que la hace parecer una pelota de golf gigante.

"LAGEOS es elegantemente simple: una esfera cubierta con prismas reflectantes", dijo Stephen Merkowitz, Gerente del Proyecto de Geodesia Espacial de la NASA en el Centro de Vuelos Espaciales Goddard en Greenbelt, Maryland. "Pero estableció un nuevo estándar para el alcance láser y proporcionó más de 40 años de continuidad para estas mediciones". El satélite fue lanzado desde la Base de la Fuerza Aérea Vandenberg en California, y su diseño, desarrollo y construcción estuvieron a cargo del Centro Marshall de Vuelos Espaciales de la NASA en Huntsville, Alabama.

LAGEOS viaja en una órbita circular estable, de polo a polo, a más de 5.900 kilómetros sobre la superficie terrestre. A esta altitud (órbita terrestre media), el satélite siente muy poca resistencia atmosférica y puede ser observado simultáneamente desde estaciones terrestres en diferentes continentes.

A lo largo de los años, 183 estaciones en todo el mundo se han conectado a LAGEOS y muchas todavía lo hacen. Un pulso láser se transmite desde una estación terrestre, rebota en uno de los retrorreflectores del satélite y regresa a la estación. El tiempo que tarda el pulso en realizar este viaje de ida y vuelta se mide con precisión y se utiliza para calcular la distancia entre el satélite y la estación.

Esta técnica se llama alcance láser satelital. Al realizar estas mediciones a lo largo del tiempo, se pueden determinar las posiciones absolutas de las estaciones (en relación con el centro de masa de la Tierra). A partir de esto se pueden calcular cambios sutiles en las posiciones de las estaciones entre sí.

Uno de los objetivos originales de LAGEOS era permitir mediciones precisas de los movimientos de las principales placas tectónicas de la corteza terrestre. En el momento del lanzamiento del satélite, la teoría de la tectónica de placas estaba establecida, respaldada por evidencia de la expansión del fondo marino y patrones magnéticos en la corteza. Sin embargo, todavía había dudas sobre cuánto se movían las placas en los tiempos modernos y cómo esta información podría ayudar a comprender los terremotos. "Lo que faltaba era una forma de medir la velocidad y la dirección del movimiento de las placas a lo largo del tiempo", dijo Frank Lemoine, científico geofísico de Goddard.

El alcance del láser por satélite comenzó antes que LAGEOS, pero las primeras mediciones tenían una precisión de aproximadamente 1 metro. LAGEOS permitió alcanzar precisiones inferiores a 1 centímetro, el nivel necesario para detectar el movimiento de las placas tectónicas. Las mediciones modernas han mejorado en otro factor de 10.
"En ese momento, la gente no podía creer que pudiéramos medir con tanta precisión la distancia a un satélite que orbitaba a esa altitud", dijo Erricos Pavlis, investigador de la Universidad de Maryland, condado de Baltimore.

Estas mediciones precisas también permitieron detectar pequeñas irregularidades en la rotación de la Tierra, causadas por movimientos de masas en la atmósfera y los océanos, y el movimiento polar: la migración del eje de rotación del planeta. La medición de LAGEOS fue lo suficientemente precisa como para revelar pequeñas perturbaciones en la órbita del satélite, que proporcionaron la base para los primeros modelos de la gravedad de la Tierra. El satélite también se utilizó para detectar la reaparición de la corteza terrestre en regiones que habían quedado ligeramente aplanadas cuando antiguas capas de hielo cubrieron el área de la Bahía de Hudson, Finlandia y Escandinavia.

"Hoy vemos la Tierra como un sistema, con la forma del planeta, la rotación, la atmósfera, el campo gravitacional y los movimientos de los continentes todos conectados. Ahora lo damos por sentado, pero LAGEOS nos ayudó a llegar a esta visión", afirmó. David E. Smith, quien fue el científico del proyecto LAGEOS en Goddard y ahora está en el Instituto de Tecnología de Massachusetts en Cambridge. Un satélite hermano casi idéntico, LAGEOS-2, fue lanzado en 1992 como una asociación entre la Agencia Espacial Italiana y la NASA. Este satélite viaja en una órbita complementaria y juntos han permitido una gama más amplia de estudios. Se utilizaron datos de este par.para confirmar una predicciónElel de la teoría general de la relatividad de Einstein: el arrastre de fotogramas. EsEsun poco disgustadoaquíel daohórbita de un objeto alrededor de un cuerpo central giratorioohrío masivo, llamado efecto gravitomagnoEsóptico o Lense-Thirring.

LAGEOS también permitió descubrir otros efectos sutiles. Uno fue el efecto estacional Yarkovsky, una pequeña fuerza de frenado que se produce cuando la luz del sol calienta un lado de la nave espacial y la nave posteriormente emite ese calor. Esta resistencia es una variación del efecto Yarkovsky original, que se produce debido a la rotación del satélite alrededor de su eje.

La versión estacional ocurre a lo largo de su órbita alrededor de la Tierra.

El efecto estacional de Yarkovsky, junto con otras fuerzas diminutas, reduce la órbita de LAGEOS una fracción de milímetro cada día.

"Éstos y otros efectos relacionados son de particular interés últimamente porque pueden redirigir las órbitas de objetos pequeños, como los asteroides cercanos a la Tierra", dijo David Rubincam, un científico de Goddard involucrado en estos estudios.

La sonda espacial OSIRIS-REx de la NASA investigará el efecto Yarkovsky como parte de su misión de estudiar el asteroide Bennu y traer una muestra a la Tierra para su análisis.

Hoy, LAGEOS forma parte de una constelación de satélites que ayudan a establecer y mantener el marco de referencia de la Tierra, que conecta los sistemas de navegación de todo el mundo y sirve como referencia fundamental para la navegación de las naves espaciales interplanetarias. Los dos satélites LAGEOS tienen la función única de definir el origen o punto central de la referencia terrestre; esto se basa en el centro de masa de la Tierra.

LAGEOS, que sigue funcionando con fuerza en su 48.º aniversario, se espera que gire alrededor de la Tierra durante millones de años. Teniendo esto en cuenta, el orbitador lleva una placa diseñada por Carl Sagan. La mayor parte de la placa está dedicada a tres paneles, cada uno con un mapa de la Tierra en un momento diferente. El panel superior representa la Tierra hace

268 millones de años, cuando los continentes estaban unidos formando una única masa terrestre. El panel central muestra la configuración moderna de los continentes. El último panel proyecta la configuración 8,4 millones de años en el futuro, cuando originalmente se predijo que el satélite finalmente caería a la Tierra.

"Hay mucho optimismo implícito en este mensaje para el futuro", dijo Merkowitz. "Representa la visión que condujo al lanzamiento de un satélite diseñado para funcionar durante eones por venir".

Sistemas de posicionamiento global (GPS)

El desarrollo del Sistema de Posicionamiento Global (GPS) a finales del siglo XX marcó un hito en la historia de la geodesia. El GPS permite determinar la posición de un punto en la superficie terrestre con una precisión de centímetros en tiempo real. Este sistema transformó no sólo la navegación, sino también innumerables aplicaciones geodésicas y científicas.

Sistemas globales de navegación por satélite (GNSS)

Los Sistemas Globales de Navegación por Satélite (GNSS) son una tecnología esencial que permite la determinación precisa de la ubicación en cualquier parte del mundo. El GNSS incluye varios sistemas operativos y en desarrollo, cada uno de ellos propiedad de diferentes países o coaliciones. Aquí presentaré una descripción general completa de los principales sistemas GNSS, incluido el Sistema de Posicionamiento Global (GPS) de los Estados Unidos, el BeiDou de China, el GLONASS de

Rusia, el Galileo de la Unión Europea y otros sistemas emergentes.

El GPS, desarrollado por el Departamento de Defensa de los Estados Unidos, es el sistema GNSS más utilizado en el mundo. Consiste en una constelación de al menos 24 satélites operativos que orbitan la Tierra a una altitud de aproximadamente 20.200 kilómetros. El GPS proporciona servicios de posicionamiento, navegación y sincronización (PNT) y se utiliza en una amplia gama de aplicaciones, desde navegación automotriz hasta operaciones militares y científicas.

Las señales de GPS se transmiten en múltiples frecuencias, lo que permite corregir errores atmosféricos y mejorar la precisión. La disponibilidad global y la alta precisión del GPS lo han convertido en un componente esencial de la infraestructura tecnológica global.

BeiDou (BDS)

El sistema de navegación por satélite BeiDou (BDS) es el sistema GNSS desarrollado por China. El desarrollo de BeiDou comenzó en la década de 1990, con la primera fase, conocida como BeiDou-1, que proporcionó una cobertura regional limitada. La segunda fase, BeiDou-2, amplió la cobertura a Asia-Pacífico, y la tercera fase, BeiDou-3, completada en 2020, proporciona cobertura global.

BeiDou utiliza una combinación de satélites en órbita terrestre media (MEO), órbita geosincrónica inclinada (IGSO) y órbita geoestacionaria (GEO). Este acuerdo único permite a BeiDou ofrecer servicios de posicionamiento más sólidos y resistentes, particularmente en la región de Asia y el Pacífico. Además, BeiDou proporciona servicios de mensajes cortos, una característica que no está disponible en otros sistemas GNSS.

GLONASS (Sistema Global de Navegación por Satélite)

GLONASS, desarrollado por Rusia, es el segundo sistema GNSS operativo a nivel mundial después del GPS. El desarrollo de GLONASS comenzó en la era soviética, cuando en 1995 se logró completar la constelación de satélites. Después de un período de declive, GLONASS se revitalizó y actualmente consta de una constelación de 24 satélites operativos.

GLONASS opera en frecuencias ligeramente diferentes a las del GPS y la combinación de datos de ambos sistemas puede mejorar la precisión del posicionamiento. El sistema se utiliza ampliamente en Rusia y países aliados, con aplicaciones que van desde la navegación de vehículos hasta la gestión de recursos naturales.

galileo

Galileo es el sistema GNSS desarrollado por la Unión Europea. Lanzado oficialmente en 2016, Galileo tiene como objetivo proporcionar una alternativa civil al GPS y GLONASS, centrándose especialmente en la alta precisión y confiabilidad. El sistema está formado por una constelación de 30 satélites (24 operativos y 6 de reserva) en órbitas terrestres medias.

Galileo ofrece varios servicios, incluido el servicio abierto (OS) para uso público, el servicio comercial (CS) para aplicaciones de alta precisión y el servicio público regulado (PRS) para uso gubernamental y de emergencia. La interoperabilidad con otros sistemas GNSS es una característica clave de Galileo, que permite un rendimiento mejorado cuando se utiliza junto con GPS, GLONASS o BeiDou.

Otros sistemas GNSS

Además de los cuatro principales sistemas GNSS globales, hay otros sistemas regionales en desarrollo u operación:

1. QZSS (Sistema de satélite Quasi-Zenith): Desarrollado por Japón, QZSS es un sistema de aumentación regional que complementa al GPS y proporciona cobertura y precisión mejoradas en Japón y la región de Asia y Oceanía. QZSS utiliza satélites en órbitas casi cenital, que permanecen sobre Asia-Pacífico durante largos períodos.

2. IRNSS (Sistema de navegación regional por satélite de la India) / NavIC (Navegación con constelación india): Desarrollado por la India, el IRNSS es un sistema regional que proporciona servicios de posicionamiento precisos en la India y la región circundante. La constelación está formada por satélites en órbitas geosincrónicas y geoestacionarias.

3. SBAS (Sistemas de aumento basados en satélites): Los sistemas de aumento basados en satélites, como WAAS (Sistema de aumento de área amplia) en los Estados Unidos, EGNOS (Servicio europeo de navegación geoestacionaria superpuesta) en Europa y otros, mejoran la precisión y la integridad de Señales GNSS, particularmente para la aviación civil.

Los sistemas GNSS son la piedra angular de la tecnología moderna y facilitan una amplia gama de aplicaciones en navegación, ciencia, transporte, agricultura y muchas otras áreas. Cada sistema GNSS tiene características únicas y ventajas específicas, y la interoperabilidad entre ellos proporciona un nivel de precisión y confiabilidad sin precedentes. A medida que avance la tecnología, los GNSS seguirán evolucionando, proporcionando servicios aún más precisos e integrales para un mundo cada vez más conectado.

La historia de la geodesia es un testimonio del ingenio humano y de la búsqueda interminable de precisión y comprensión. Desde las primeras mediciones rudimentarias en la antigüedad hasta los avances tecnológicos de la era espacial, la geodesia ha evolucionado continuamente, adaptándose a nuevas tecnologías y desafíos.

En los siguientes capítulos, exploraremos cómo las técnicas e instrumentos geodésicos modernos continúan evolucionando y dando forma a nuestra comprensión del mundo. Analizaremos cómo se está aplicando la geodesia moderna para abordar desafíos globales, desde el monitoreo ambiental hasta la exploración espacial, y cómo seguirá desempeñando un papel crucial en nuestro futuro.

CAPÍTULO 3: LA REVOLUCIÓN CIENTÍFICA Y LA GEODESIA

La Revolución Científica, ocurrida entre los siglos XVI y XVIII, trajo una transformación fundamental en la forma en que la humanidad entendía el mundo. Esta era de descubrimiento y avance intelectual tuvo un profundo impacto en la geodesia, proporcionando nuevos conocimientos, métodos e instrumentos que redefinieron la ciencia de la medición de la Tierra.

Galileo Galilei (1564-1642), a menudo considerado el padre de la ciencia moderna, realizó importantes avances que influyeron en la geodesia. Su telescopio mejorado permitió realizar observaciones astronómicas precisas, fundamentales para el desarrollo de métodos de medición más rigurosos. Galileo también introdujo el concepto de inercia, que sería esencial para la mecánica y la física gravitacional.

Representación de Galileo Galilei

Johannes Kepler (1571-1630) formuló las leyes del movimiento planetario, que describen las órbitas elípticas de los planetas alrededor del Sol. Estas leyes no sólo desafiaron la visión geocéntrica del universo, sino que también proporcionaron una base matemática para comprender el movimiento celeste, crucial. a la geodesia y la astronomía.

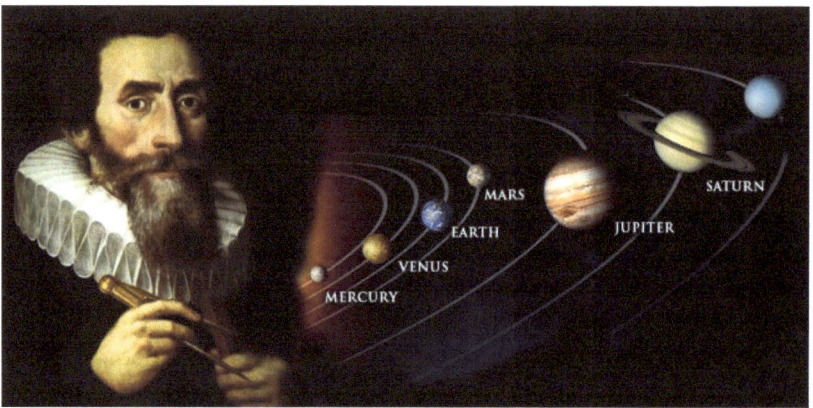

Juan Kepler

Isaac Newton (1643-1727) revolucionó la ciencia con su obra "Philosophiæ Naturalis Principia Mathematica" (1687), donde formuló las leyes de la mecánica y la ley de la gravitación universal. Newton propuso que la fuerza de gravedad actúa sobre todos los cuerpos con masa y describió la forma de la Tierra como un elipsoide achatado debido a su rotación. Esta comprensión fue fundamental para la geodesia, ya que explicaba la variación de la gravedad en la superficie terrestre.

PHILOSOPHIÆ

NATURALIS

PRINCIPIA

MATHEMATICA.

Autore *J S. NEWTON, Trin. Coll. Cantab. Soc.* Matheseos
Professore *Lucasiano*, & Societatis Regalis Sodali.

IMPRIMATUR·

S. PEPYS, *Reg. Soc.* PRÆSES.

Julii 5. 1686.

LONDINI,

Jussu *Societatis Regiæ* ac Typis *Josephi Streater.* Prostat apud
plures Bibliopolas. *Anno* MDCLXXXVII.

El libro de Newton: Philosophiæ Naturalis Principia Mathematica

El telescopio, mejorado por Galileo, era esencial para realizar observaciones astronómicas precisas. Este instrumento permitió medir la posición de estrellas y planetas con alta precisión, ayudando a determinar la latitud y longitud de puntos de la Tierra. Las observaciones astronómicas fueron cruciales para establecer referencias geográficas.

El teodolito, inventado en el siglo XVI y mejorado a lo largo de los siglos siguientes, se convirtió en un instrumento imprescindible para la geodesia. Utilizado para medir ángulos horizontales y verticales, el teodolito permitió la creación de redes de triangulación precisas. Este instrumento facilitó la medición de grandes distancias y la construcción de mapas detallados.

El cuadrante y el sextante fueron instrumentos fundamentales para la navegación y la geodesia. El cuadrante, utilizado para medir la altura de las estrellas sobre el horizonte, y el sextante, utilizado para determinar la latitud observando la altura del Sol o de las estrellas, permitían una navegación precisa y la determinación de posiciones geográficas.

La técnica de la triangulación, que consiste en crear una red de triángulos conectados, se desarrolló y perfeccionó en el siglo XVIII. Esta técnica permitió medir distancias y ángulos con alta precisión, facilitando la construcción de mapas detallados y la medición de la superficie terrestre. En muchos países se han establecido redes de control, formadas por puntos de referencia interconectados, creando una base sólida para las mediciones geodésicas.

Una de las expediciones geodésicas más notables del siglo XVIII fue la realizada por Pierre Bouguer y Charles Marie de La Condamine. En 1735 encabezaron una expedición a Ecuador para medir un arco de meridiano y determinar la forma de la Tierra. Esta expedición confirmó que la Tierra es un elipsoide achatado, achatado en los polos y más ancho en el ecuador.

Carl Friedrich Gauss (1777-1855), uno de los más grandes matemáticos de todos los tiempos, hizo importantes contribuciones a la geodesia. Desarrolló métodos matemáticos para ajustar las redes de triangulación, lo que permitió corregir errores de medición y obtener resultados más precisos. Gauss también introdujo el concepto de curvatura en la geodesia, que sería fundamental para comprender la forma de la Tierra.

Pierre-Simon Laplace (1749-1827) contribuyó a la teoría del potencial gravitacional, esencial para la geodesia. Su obra "Mécanique Céleste" (1799-1825) proporcionó una base matemática para el análisis del campo gravitacional de la Tierra y los movimientos de los cuerpos celestes. Laplace también desarrolló métodos para calcular las órbitas de los satélites, importantes para la geodesia moderna.

El siglo XVIII y principios del XIX vieron una revolución en los instrumentos geodésicos. Además del teodolito, se desarrollaron nuevos instrumentos como el nivel de precisión, utilizado para medir la elevación, y el cronómetro marino, que permitía determinar con precisión la longitud. Estos instrumentos mejoraron significativamente la precisión de las mediciones geodésicas y permitieron la creación de mapas más detallados y precisos.

La Revolución Científica también trajo avances en la cartografía. Los mapas se han vuelto más precisos y detallados gracias a técnicas de triangulación y nuevos instrumentos de medición. La creación de mapas topográficos, que representan elevaciones y características del terreno, se ha convertido en una práctica común, facilitando la navegación, la ingeniería y la administración territorial.

La Revolución Científica marcó un período de transformación fundamental en la geodesia. El desarrollo de nuevos conocimientos, métodos e instrumentos ha permitido realizar mediciones más precisas y una comprensión más profunda de la forma y dimensiones de la Tierra. Estas innovaciones no sólo hicieron avanzar la ciencia de la geodesia, sino que también tuvieron un impacto duradero en muchas otras áreas del conocimiento humano.

CAPÍTULO 4: LA ERA MODERNA DE LA GEODESIA

Con la llegada del siglo XIX y la continua evolución tecnológica y científica, la geodesia entró en una nueva era de precisión e innovación. Se han mejorado las técnicas e instrumentos desarrollados durante la Revolución Científica y han surgido nuevos métodos que transforman la forma en que medimos y entendemos la Tierra.

En el siglo XIX, la técnica de la triangulación fue ampliamente utilizada para crear redes de control geodésico en varios países. Estas redes estaban formadas por puntos interconectados por triángulos, donde se medían distancias y ángulos con gran precisión. Uno de los más notables fue la Gran Cuadrícula Trigonométrica de la India, un proyecto monumental que abarcó varias décadas y estableció una base precisa para la cartografía y la topografía del subcontinente indio.

Otro avance significativo fue el desarrollo de la nivelación de precisión, una técnica utilizada para medir diferencias de elevación entre puntos. Este método implicaba el uso de niveles ópticos y reglas graduadas, lo que permitía una determinación precisa de las altitudes. Esta técnica fue fundamental para la construcción de infraestructuras como ferrocarriles, canales y carreteras, además de ser fundamental para la creación de mapas topográficos detallados.

La era moderna ha visto la introducción de instrumentos geodésicos más avanzados.

A principios del siglo XX, la geodesia amplió su enfoque para incluir mediciones gravimétricas, que implican determinar el campo gravitacional de la Tierra. Los gravímetros, o gravímetros, se desarrollaron para medir las variaciones de la fuerza gravitacional en diferentes lugares. Estas mediciones son fundamentales para comprender la forma de la Tierra y corregir datos geodésicos, especialmente en zonas montañosas y otras regiones con importantes variaciones de elevación.

Además del GPS, se han lanzado otros satélites geodésicos para controlar la forma y el campo gravitacional de la Tierra. Misiones como Lageos, GRACE (Gravity Recovery and Climate Experiment) y GOCE (Gravity Field and Steady-State Ocean Circulation Explorer) han proporcionado datos detallados sobre variaciones gravitacionales y cambios en la masa terrestre y los océanos, contribuyendo a la investigación climática y la geodinámica.

Las mediciones geodésicas precisas son esenciales para proyectos de ingeniería y construcción. Antes de iniciar la construcción de grandes infraestructuras como puentes, túneles y rascacielos, se deben realizar estudios geodésicos detallados para garantizar que las estructuras se construyen correctamente y según las especificaciones. La geodesia también se utiliza para monitorear deformaciones en estructuras, ayudando a detectar posibles problemas y garantizar la seguridad.

La geodesia moderna es fundamental para el monitoreo ambiental y la gestión de recursos naturales. Las mediciones precisas de la elevación del suelo, el nivel del mar y las variaciones gravitacionales permiten monitorear los cambios climáticos, los movimientos tectónicos y los procesos de erosión. Esta información es vital para gestionar desastres naturales, como terremotos e inundaciones, y para conservar los ecosistemas.

Esta ciencia sigue desempeñando un papel central en la investigación científica. Los datos geodésicos se utilizan en estudios de geodinámica, oceanografía, climatología y muchas otras disciplinas. Una comprensión precisa de la forma y el campo gravitacional de la Tierra nos permite investigar procesos naturales a escalas global y regional, contribuyendo al avance del conocimiento científico.

Uno de los mayores desafíos de la geodesia moderna es la integración de datos de diferentes fuentes y tecnologías. La combinación de mediciones terrestres, aéreas y espaciales requiere métodos sofisticados de procesamiento y análisis de datos para garantizar la precisión y coherencia de la información geodésica. Desarrollar técnicas de modelado y fusión de datos es fundamental para afrontar este desafío.

Con el avance de las tecnologías de la comunicación y la creciente demanda de información en tiempo real, la geodesia se está adaptando para proporcionar datos constantemente actualizados. Se están desarrollando sistemas de seguimiento continuo, como redes de estaciones GPS permanentes, para seguir los movimientos tectónicos, las deformaciones del suelo y otros cambios geodésicos en tiempo real.

La disciplina también se está expandiendo más allá de la Tierra, y la exploración espacial abre nuevas fronteras para esta ciencia. Se están realizando mediciones geodésicas de otros cuerpos celestes, como la Luna y Marte, para apoyar las misiones espaciales y futuras colonizaciones. La geodesia espacial proporciona una comprensión detallada de la topografía y la gravedad de otros planetas, lo que contribuye a la planificación de misiones y la exploración espacial.

La era moderna de la geodesia ha visto avances extraordinarios en tecnología y conocimiento, transformando la forma en que medimos y entendemos la Tierra. Desde la creación de redes de triangulación precisas hasta el desarrollo de GPS y satélites geodésicos, la geodesia moderna sigue desempeñando un papel crucial en muchas áreas de la ciencia y la sociedad.

CAPITULO 5: GEODESIA ESPACIAL

Con la llegada de la era espacial en el siglo XX, la ciencia de medir la Tierra se expandió más allá de las fronteras terrestres. El uso de satélites y otras tecnologías espaciales ha revolucionado la precisión de las observaciones globales, proporcionando una comprensión sin precedentes de nuestro planeta. Este capítulo explora la evolución de la geodesia espacial, sus tecnologías y aplicaciones clave, y el impacto transformador que ha tenido en nuestra comprensión de la Tierra y más allá.

El lanzamiento del satélite Sputnik por parte de la Unión Soviética en 1957 marcó el inicio de la era espacial. Unos años más tarde se empezaron a desarrollar satélites específicos para mediciones geodésicas. Echo 1, un globo satélite lanzado en 1960, fue uno de los primeros utilizados para experimentos de triangulación y medición de distancias. Estos primeros satélites permitieron el desarrollo de métodos innovadores para medir la forma y el campo gravitacional de la Tierra.

El primer satélite dedicado exclusivamente a la geodesia fue ANNA 1B, lanzado por Estados Unidos en 1962. Este satélite fue diseñado para medir la forma de la Tierra y ayudar a determinar las coordenadas geográficas. Otros satélites, como PAGEOS y GEOS, lanzados en los años 1960 y 1970, contribuyeron significativamente a la creación de un sistema de referencia geodésico global.

La técnica Laser Ranging implica la emisión de pulsos láser desde estaciones terrestres que se reflejan en retrorreflectores de satélites. Se mide el tiempo que tarda el pulso en regresar, lo que permite determinar con precisión la distancia entre la estación y el satélite. Esta técnica se utiliza para medir la forma de la Tierra, los movimientos de las placas tectónicas y el campo gravitacional.

La interferometría de línea de base muy larga (VLBI) es otra técnica crucial en la geodesia espacial. Utiliza señales de radio emitidas por quásares distantes y las observa simultáneamente en varias estaciones de radiotelescopios en todo el mundo. La diferencia en los tiempos de llegada de las señales permite determinar las distancias entre estaciones con gran precisión, contribuyendo a la creación de un sistema de referencia terrestre estable.

Los satélites de teledetección, como la serie Landsat y los satélites de la Agencia Espacial Europea (ESA), proporcionan imágenes detalladas de la superficie de la Tierra. Estos satélites utilizan diferentes bandas espectrales para monitorear cambios en el uso del suelo, la deforestación, la urbanización y otras características ambientales. Las imágenes satelitales son esenciales para la cartografía, el monitoreo ambiental y la gestión de recursos naturales.

Satélites como GRACE (Gravity Recovery and Climate Experiment) y GOCE (Gravity Field and Steady-State Ocean Circulation Explorer) fueron diseñados para medir el campo gravitacional de la Tierra con alta precisión. Estas mediciones son esenciales para comprender la distribución de masa en el planeta y ayudan a monitorear los cambios en el hielo polar, los flujos de agua subterránea y las corrientes oceánicas.

La geodesia espacial es crucial para estudiar los movimientos de las placas tectónicas. La técnica GPS se utiliza ampliamente para monitorear la deriva continental, la deformación de la corteza terrestre y la actividad sísmica. Esta información es vital para predecir terremotos, mitigar desastres naturales y comprender la dinámica de la litosfera de la Tierra.

Los satélites de geodesia espacial desempeñan un papel importante en la vigilancia del cambio climático. Proporcionan datos sobre el aumento del nivel del mar, la capa de hielo y nieve y la variación de la humedad del suelo. Esta información es fundamental para la modelización climática, la gestión de los recursos hídricos y la evaluación de los impactos del cambio climático en los ecosistemas y las comunidades humanas.

La geodesia espacial revolucionó la navegación y el transporte. El GPS y otros sistemas de navegación por satélite se utilizan en la aviación, la navegación marítima y el transporte terrestre para garantizar la precisión en la ubicación y la planificación de rutas. Las aplicaciones de navegación como Google Maps y Waze se basan en datos de GPS para proporcionar direcciones e información de tráfico en tiempo real.

Uno de los mayores desafíos de la geodesia espacial es la integración de grandes volúmenes de datos de diferentes fuentes y tecnologías. El análisis y la combinación de datos de satélites, mediciones terrestres y sensores remotos requieren métodos avanzados de procesamiento y almacenamiento de datos. El uso de técnicas de Big Data y de inteligencia artificial cobra cada vez más importancia para afrontar este reto.

La demanda de datos geodésicos en tiempo real está creciendo rápidamente. Se están ampliando las redes de estaciones GPS permanentes, que monitorean continuamente los movimientos de la corteza terrestre. Además, se están desarrollando nuevos satélites y tecnologías para proporcionar datos constantemente actualizados, mejorando la respuesta a los desastres naturales y la gestión de recursos.

La geodesia espacial se está expandiendo más allá de la Tierra, con misiones dedicadas a explorar otros cuerpos celestes. Las mediciones geodésicas de Marte, la Luna y otros planetas y lunas están ayudando a prepararse para futuras misiones tripuladas y a comprender las características geológicas y gravitacionales de estos cuerpos. La geodesia espacial será fundamental para la colonización de otros planetas y la exploración del espacio profundo.

Desde los primeros satélites de medición hasta las tecnologías avanzadas de GPS y teledetección, la geodesia espacial ha proporcionado avances significativos en precisión y alcance. Sus aplicaciones son amplias y van desde la vigilancia ambiental hasta la exploración espacial.

CAPÍTULO 6: LA TOPOGRAFÍA Y SU RELACIÓN CON LA GEODESIA

La topografía es una disciplina fundamental dentro de las ciencias de la Tierra que se dedica a medir y mapear la superficie terrestre. Esta ciencia tiene una larga historia y ha evolucionado significativamente con el avance de la tecnología. En este capítulo, exploraremos qué es la topografía, sus técnicas e instrumentos, y cómo se relaciona con la geodesia, formando una base para la precisión y exactitud de las mediciones terrestres.

La topografía es la ciencia y el arte de determinar la posición tridimensional de puntos en la superficie de la Tierra y las distancias y ángulos entre ellos. El objetivo principal es crear mapas y definir con precisión los límites de las propiedades, lo cual es esencial para la ingeniería civil, la construcción, la agricultura, la gestión de recursos naturales y la planificación urbana.

Desde la antigüedad, la topografía ha desempeñado un papel crucial en las civilizaciones. Los antiguos egipcios utilizaron técnicas topográficas rudimentarias para dividir la tierra a lo largo del Nilo, mientras que los romanos desarrollaron métodos más sofisticados para construir sus ciudades y carreteras. Durante la Edad Media, la topografía continuó evolucionando, con avances significativos durante el Renacimiento y la Revolución Científica.

Las técnicas topográficas clásicas incluyen la medición de distancias, ángulos y elevaciones. Entre los métodos más tradicionales destacan la triangulación y la trilateración. La triangulación implica crear una red de triángulos midiendo los ángulos entre puntos conocidos, mientras que la trilateración mide las distancias entre puntos mediante cables o cadenas.

Instrumentos Tradicionales

Entre los instrumentos tradicionales utilizados en la topografía destacan los siguientes:

Como ya se vio anteriormente, el Teodolito: Instrumento óptico para medir ángulos horizontales y verticales con alta precisión.

Nivel de precisión: se utiliza para determinar elevaciones y crear perfiles de terreno.

Cadena de topógrafo: dispositivo de medición de distancias, generalmente hecho de acero y utilizado para medir terrenos planos.

Con el avance de la tecnología, la topografía ha incorporado nuevos métodos e instrumentos, tales como:

Estación Total: Dispositivo electrónico que combina un teodolito con un distanciómetro electrónico (EDM), permitiendo realizar mediciones de ángulos y distancias de forma integrada y precisa.
GPS (Sistema de Posicionamiento Global): Se utiliza para determinar coordenadas geográficas precisas en cualquier lugar de la Tierra, esencial para la topografía moderna.

Escaneo láser terrestre: método que utiliza láseres para capturar una nube de puntos tridimensional, creando modelos digitales del terreno de alta resolución.

La topografía y la geodesia son disciplinas interrelacionadas que comparten muchos objetivos y técnicas. Mientras que la topografía se centra en mediciones detalladas y precisas en áreas relativamente pequeñas, la geodesia abarca medir y modelar la Tierra a escala global. Juntas, estas disciplinas garantizan la precisión y coherencia de las mediciones terrestres a diferentes escalas.

Las referencias geodésicas son sistemas de coordenadas que se utilizan para definir posiciones en la superficie de la Tierra. La geodesia establece estos sistemas de referencia global, como el WGS84 (World Geodetic System 1984), que son fundamentales para la topografía. Sin estas referencias, sería imposible integrar las mediciones topográficas locales en un contexto global.

Las mediciones topográficas a menudo requieren correcciones y ajustes basados en modelos geodésicos. Por ejemplo, la curvatura de la Tierra y las variaciones gravitacionales pueden afectar las mediciones a larga distancia, y estos efectos se modelan y corrigen utilizando datos geodésicos. Además, la geodesia proporciona información sobre los movimientos tectónicos y las deformaciones de la corteza terrestre, que son esenciales para mantener la precisión de las mediciones topográficas a lo largo del tiempo.

La topografía es esencial para la ingeniería civil y la construcción. Antes de iniciar cualquier proyecto de construcción, es necesario realizar levantamientos topográficos para asegurar que el trabajo se realiza según las especificaciones. Esto incluye medir con precisión el terreno, marcar los límites de la propiedad y crear mapas detallados que guíen a los ingenieros y constructores.

En la planificación urbana, la topografía juega un papel crucial en la definición de zonas, la creación de mapas catastrales y la gestión de infraestructuras. Se utilizan estudios detallados para planificar nuevas carreteras y áreas residenciales, comerciales e industriales, garantizando que el desarrollo urbano sea eficiente y sostenible.

En la agricultura moderna, la topografía se utiliza para implementar técnicas de agricultura de precisión. Esto incluye la creación de mapas detallados de campos agrícolas, medir elevaciones para mejorar el riego y determinar los límites de las propiedades. Estas prácticas ayudan a aumentar la productividad agrícola y la sostenibilidad ambiental.

La gestión de los recursos naturales, como los bosques, el agua y los minerales, depende de estudios precisos. La topografía se utiliza para mapear áreas de exploración, monitorear cambios ambientales y garantizar el uso sostenible de los recursos. Esto es esencial para la conservación de los ecosistemas y la protección del medio ambiente.

La topografía es una disciplina fundamental que, junto con la geodesia, proporciona la base para medir y comprender con precisión la superficie de la Tierra. Aunque se centra en áreas más pequeñas y detalladas, la topografía depende en gran medida de las referencias y correcciones proporcionadas por la geodesia para garantizar la precisión de sus mediciones. Las dos disciplinas se complementan, utilizan tecnologías compartidas y aplican sus conocimientos en una amplia variedad de campos, desde la ingeniería civil hasta la gestión de recursos naturales.

CAPÍTULO 7: TOPOGRAFÍA

Etimológicamente, la palabra "topografía" tiene su origen en el griego, donde "topos" significa lugar o espacio de terreno, mientras que "grafía" se refiere a dibujar signos para escribir o describir. La topografía es una ciencia aplicada dedicada a los principios y métodos para determinar el contorno, las dimensiones y la posición de una parte limitada de la superficie terrestre, sin considerar la curvatura de la Tierra (como, por ejemplo, el fondo marino o el interior de Minas). . Como se mencionó anteriormente, la topografía puede verse como una especialización de la Geodesia. El trabajo consiste principalmente en mediciones angulares (ángulos) y lineales (distancias) realizadas sobre la superficie física (topográfica), a partir de las cuales se calculan cantidades geométricas, como alineaciones, coordenadas, áreas y volúmenes. Finalmente, estos elementos se representan gráficamente mediante dibujo técnico topográfico.

Podemos decir que la topografía tiene como objetivo captar imágenes de la superficie terrestre para definir las formas y dimensiones de los objetos presentes en ella. De forma simplificada, se trata de describir un lugar con precisión y rico detalle, determinando sus dimensiones, elementos existentes, variaciones de elevación, accidentes geográficos, etc.

La topografía es fundamental para cualquier proyecto u obra realizada por ingenieros o arquitectos. Ejemplos incluyen obras viales, centros habitacionales, edificios, aeropuertos, hidrografía, plantas hidroeléctricas, telecomunicaciones, sistemas de agua y alcantarillado, planificación urbana, paisajismo, riego, drenaje, agricultura, reforestación, entre otros. Todos estos proyectos dependen del terreno sobre el que se construyen. Por ello, es crucial conocer este terreno en detalle, tanto durante la fase de diseño como de construcción o ejecución. La topografía proporciona los métodos e instrumentos necesarios para este conocimiento, asegurando la correcta ejecución de la obra o servicio.

En su campo de actividad, la topografía utiliza reglas y principios matemáticos en sus levantamientos, permitiendo obtener una representación gráfica de una porción de la superficie terrestre proyectada sobre un plano horizontal, con la precisión y detalles necesarios para su finalidad. Estas reglas y principios establecen métodos generales de levantamientos topográficos que relacionan mediciones de ángulos y distancias, con el objetivo de definir la representación pretendida con el rigor requerido.

Entre los diversos métodos topográficos, las coordenadas rectangulares y la radiación son los más adecuados para estudiar detalles, mientras que los métodos de caminata y de intersección son adecuados para estudiar el conjunto. Entre todos, el método de triangulación ofrece mayor precisión y siempre es recomendado para el levantamiento del conjunto, debido a las ventajas que proporciona al fijar rigurosamente las posiciones de los distintos puntos (vértices de los triángulos) dentro del área a representar.

La topografía actúa sobre:

➢ levantamiento topográfico del perímetro de zonas urbanas y rurales;

- estudio de elevación en áreas de interés;

- registro de propiedad;

- perfiles de carreteras y canales o ríos;

- secciones cruzadas;

- volúmenes cuantitativos;

- volumen de vertederos;

- seguimiento de la ejecución de las obras

La importancia de la topografía se puede resaltar por el hecho de que en el terreno se realizan obras de Ingeniería, Agronomía y Arquitectura, basadas en estudios y proyectos previamente elaborados, tales como:

Construcción civil: viviendas, edificios, etc.

Urbanismo: plan maestro de desarrollo de ciudades, regiones metropolitanas, sistemas viales, electrificación, abastecimiento de agua, redes telefónicas, drenaje de aguas pluviales, nuevos fraccionamientos, etc.

Grandes obras: presas, puentes, carreteras, ferrocarriles, etc.

Agricultura: registro de superficies cultivadas, proyectos de cultivos, drenaje, riego, etc.

Forestal: forestación y reforestación, dimensionamiento de reservas forestales, etc.

La topografía se divide en varias áreas:

a) Topometría: Se ocupa de medir distancias y ángulos para reproducir las características del terreno con la mayor precisión posible. La topometría se subdivide en:

Planimetría: Determinación de ángulos y distancias en el plano horizontal, como si la zona estudiada se viera desde arriba.

Altimetría: Determinación de ángulos verticales y distancias, es decir, diferencias de nivel y ángulos cenital, con levantamientos representados en un plano vertical, como por ejemplo una sección del terreno.

b) Topología: Estudia las formas del terreno y las leyes que rigen su modelación, interpretando los datos recogidos por la topometría.
c) Taquiometría: Se centra en el levantamiento de puntos en el terreno in situ, permitiéndonos obtener rápidamente planos con curvas de nivel que representan las diferencias de niveles en el plano horizontal. Estas plantas se conocen como planialtimétricas.

d) Fotogrametría: Ciencia que permite comprender el relieve de una región a través de fotografías. Inicialmente las imágenes se tomaban desde tierra, pero actualmente se producen principalmente desde aviones y satélites.

El Plano Topográfico es una proyección ortogonal de una parte de la superficie terrestre. En este plano horizontal se proyectan los límites del terreno y todas sus particularidades naturales y artificiales.

Veamos algunas definiciones y directrices contenidas en la Norma NBR 13133 que se deben seguir en un Levantamiento Topográfico, comenzando por la definición:

El levantamiento topográfico es el conjunto de métodos y procesos que, mediante mediciones de ángulos horizontales y verticales, distancias horizontales, verticales e inclinadas, con instrumentos adecuados a la precisión requerida, implantan y materializan puntos de apoyo en el terreno, determinando sus coordenadas topográficas. Estos puntos de apoyo están relacionados con los puntos de detalle para una representación planimétrica exacta en una escala predeterminada y una representación altimétrica mediante curvas de nivel con también puntos equidistantes y/o acotados predeterminados.

El levantamiento topográfico acelerado es un levantamiento exploratorio del terreno con el propósito específico de reconocimiento, sin que prevalezcan criterios de precisión.

El levantamiento topográfico planimétrico (o levantamiento perimetral) es el levantamiento de los límites y enfrentamientos de un inmueble, determinando su perímetro, incluyendo la alineación de la vía o espacio público al que se enfrenta, su orientación y conexión con puntos materializados en el terreno de una red. de referencia catastral o, en su defecto, a puntos notables y estables de las proximidades. Cuando se pretenda la identificación de la propiedad del inmueble, son necesarios otros elementos complementarios, como la pericia técnico-judicial y la memoria descriptiva.

El levantamiento topográfico altimétrico (o nivelación) tiene como objetivo exclusivo determinar las alturas relativas a una superficie de referencia de los puntos de apoyo y/o puntos de detalle, asumiendo conocimiento de sus posiciones planimétricas, teniendo como objetivo la representación altimétrica de la superficie levantada.

El levantamiento topográfico planimétrico es el levantamiento planimétrico más la determinación altimétrica del relieve del terreno y drenaje natural. Este tipo de levantamiento puede utilizarse para el registro cuando incluye la determinación planimétrica de la posición de ciertos detalles visibles a nivel del suelo y sobre él, tales como linderos de vegetación o cultivos, cercas internas, edificaciones, mejoras, postes, quebradas, árboles aislados, acequias. , acequias, drenajes naturales y artificiales, entre otros. Estos detalles deberán constar y enumerar en los avisos de licitación, propuestas e instrumentos legales entre los interesados en su ejecución.

Medir direcciones, según la NBR 13133, significa medir ángulos horizontales con vistas en las dos posiciones de medición permitidas por el teodolito (directa y inversa), a partir de una dirección tomada como origen, que ocupa diferentes posiciones en el brazo horizontal del teodolito. Las observaciones desde una dirección, en las posiciones delantera y trasera del teodolito, se denominan lecturas conjugadas. Una serie de lecturas conjugadas consiste en la observación sucesiva de direcciones partiendo de la dirección de origen, realizando el giro hacia afuera en la posición directa del telescopio y de regreso en la posición inversa, o viceversa, finalizando en la última dirección e iniciando el giro sin cerrando el turno. El intervalo medido en el brazo horizontal del teodolito entre las posiciones de la dirección de origen se llama intervalo de reiteración.

Para observar "n" series de lecturas conjugadas utilizando el método de dirección, el intervalo de reiteración debe ser 180°/n. Por ejemplo, para tres series de lecturas conjugadas, el intervalo de reiteración debe ser 180°/3 = 60°, y la dirección del origen debe ocupar, en el brazo horizontal del teodolito, posiciones cercanas a 0°, 60° y 120°. Los valores de los ángulos medidos por el método de la dirección son las medias aritméticas de sus valores obtenidos en las diferentes series.

El punto y la línea son ejemplos de elementos gráficos primitivos utilizados en topografía para representar una porción de la superficie terrestre a través de dibujos construidos.

un punto:

Los puntos definen el principio y el final de las líneas, así como los vértices de los polígonos. Conocido como punto topográfico, su materialización se realiza con piquetes incrustados en el terreno. Junto al piquete se clava una estaca testigo, en la que se debe escribir la identificación del punto.

A continuación tenemos una representación del piquete y la estaca de los testigos.

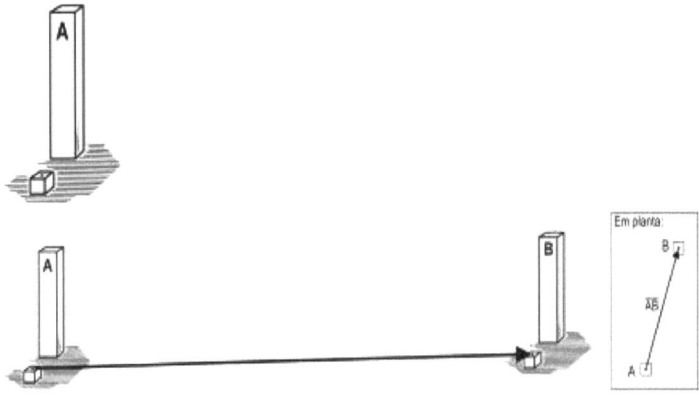

b) Línea:

Las líneas conectan puntos topográficos en una secuencia lógica para formar polígonos planos con dimensión y orientación basadas en una alineación conocida. Estos polígonos son la base de las operaciones matemáticas de la topografía. En la figura anterior, los puntos topográficos A y B definen el alineamiento AB, donde la distancia d_{AB} es una de las coordenadas de este alineamiento.

El plano es la entidad adoptada por la topografía para representar la región medida. En otras palabras, esta región o porción de la superficie en estudio se considera un plano horizontal sobre el cual se proyectan cantidades de observación, como la distancia y la alineación entre dos puntos. En base a este concepto topográfico, las distancias se representan en un plano siempre según el valor de la proyección de los puntos

51

sobre el plano horizontal, ya que el plano topográfico es una proyección horizontal.

En la siguiente ilustración, la distancia inclinada d' es la distancia entre los puntos que definen la alineación AB en el terreno, mientras que la distancia horizontal o reducida d es la distancia entre los puntos que definen la línea horizontal. Proyección de la alineación AC. Para efectos de representación planimétrica y cálculo de áreas, las distancias inclinadas deberán reducirse a sus bases horizontales.

Distancia horizontal (reducida) d y distancia inclinada d'

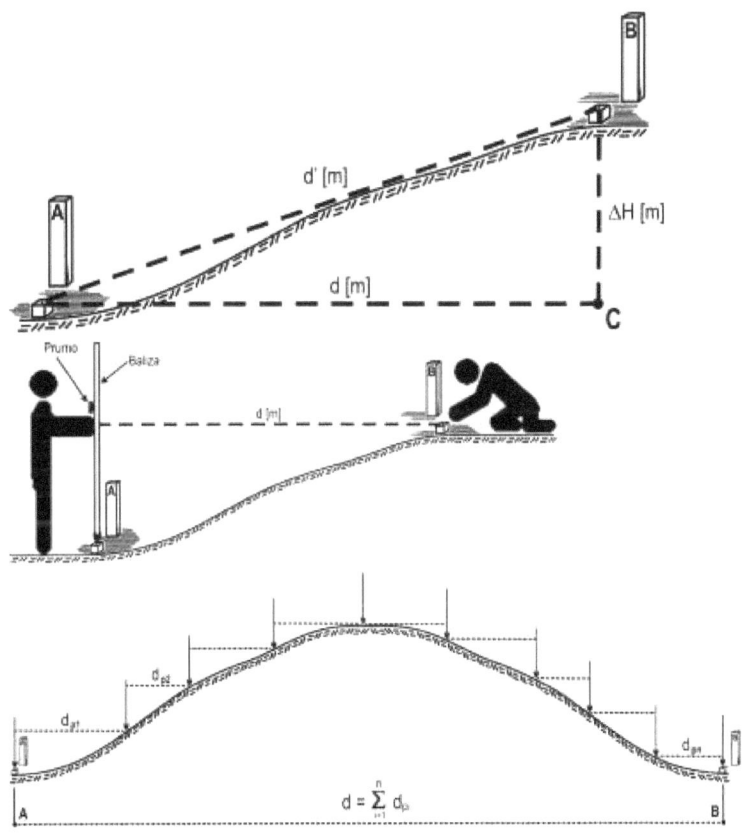

Las balizas se utilizan para extender el punto topográfico a lo largo de su vertical, permitiendo medir la distancia horizontal con la mayor precisión posible. Para garantizar la verticalidad de la baliza durante las mediciones, se utiliza una plomada de burbuja fijada al cuerpo del instrumento. Vea a continuación la ilustración del uso de balizas para medir distancias horizontales:

Uso de balizas para medir distancias horizontales.

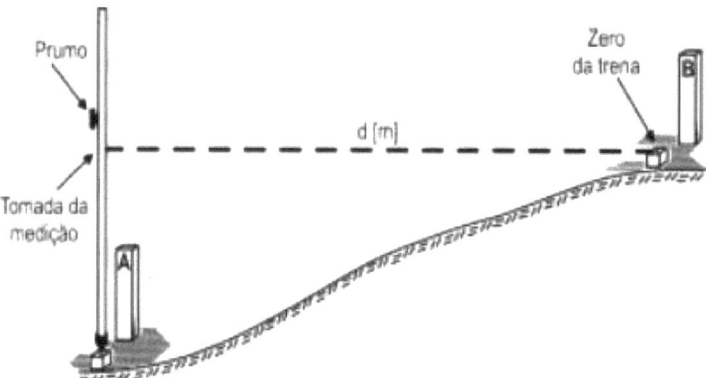

Las distancias se pueden medir mediante dos métodos: directo e indirecto.

Medición directa

La medición directa de distancias ocurre cuando la distancia se determina en comparación con una cantidad estándar o unidad rectilínea, llamada diastómetro. Dependiendo de la naturaleza del diastímetro, la medición de alineaciones se puede clasificar en tres categorías:

Baja precisión: Se utiliza en encuestas aceleradas, donde la precisión no es un requisito estricto. Los ejemplos incluyen el paso del hombre o del animal, las ruedas y los engranajes de los vehículos (odómetro y velocímetro), el sonido y el reloj.
Precisión media: Adecuado para levantamientos comunes. Los ejemplos incluyen cadenas o cadenas de topógrafo, cintas y cintas de acero, lona o fibra.

Alta precisión: Diseñado para levantamientos geodésicos. Un ejemplo es el hilo invar, que tiene un coeficiente de expansión cercano a cero.

El funcionamiento con cinta métrica y baliza requiere la colaboración de dos personas. En el paddock más bajo es obligatorio colocar una portería para garantizar la proyección horizontal. La medición se podrá realizar de un solo recorrido cuando la distancia entre los dos puntos sea inferior a la extensión máxima de la cinta métrica. En caso contrario, será necesario medir en varios pasos (también llamados trenadas), es decir, la distancia a medir se divide en segmentos orientados en una misma alineación, los cuales se deben sumar al final.

Medición indirecta

Las distancias se obtienen indirectamente a partir de cantidades que se relacionan mediante modelos matemáticos conocidos, y no es necesario recorrerlos para compararlas con la cantidad estándar.

El proceso indirecto de medir distancias, llamado taqueometría, utiliza el principio estadimétrico. Los instrumentos utilizados son:

Stadia: Regla estadimétrica o punto de mira graduada en centímetros.

Taquímetro: Instrumento para la medición óptica de distancias, como por ejemplo teodolito y nivel.

goniología

En los levantamientos topográficos, los ángulos son elementos frecuentes e importantes. Por tanto, es fundamental saber:

Goniología: Parte de la topografía que estudia los ángulos.

Goniometría: Estudia los procesos, métodos e instrumentos utilizados en la evaluación numérica de los ángulos, los cuales pueden medirse tanto en el plano horizontal (ángulo horizontal) como en el plano vertical (ángulo vertical).

Goniografía: Trata de los procesos, métodos e instrumentos utilizados en la reproducción geométrica (dibujo) de ángulos determinados en campo, es decir, el transporte del ángulo al dibujo.

Diedros: Ángulos medidos mediante goniómetros.

Goniómetros: Instrumentos utilizados para medir ángulos.

El teodolito es el goniómetro comúnmente utilizado en operaciones topográficas.
Los goniómetros pueden ser de mira directa o telescópicos. Los que tienen bisel pueden ser directos o invertidos, considerándose superiores los que tienen bisel invertido.

Partes principales de un goniómetro:

Limbo: Parte que mide ángulos brutos y puede ser horizontal o vertical. Es un círculo graduado donde se toman lecturas de ángulos horizontales y verticales, siendo la parte especializada de los teodolitos.

Escala micrométrica (micrómetro): Escala más precisa que muestra minutos y segundos (sensores electrónicos).

Alidade: Parte móvil del goniómetro.

Base: Parte fija del dispositivo.

Las extremidades se pueden clasificar según el sistema de clasificación:

Centesimal: Cuando la extremidad se divide en 400 unidades (grads).

Sexagesimal: Cuando el limbo se divide en 360 unidades (grados, minutos y segundos).

También se pueden clasificar según la dirección de graduación:

Dextrógiro: Mide ángulos en el sentido de las agujas del reloj (teodolito).

Levorotatorio: Mide ángulos en sentido antihorario (brújula).

Conjugado: Mide ángulos en ambas direcciones.

Cuadrantes: Mide ángulos en cuadrantes de 90°.

Técnicas de levantamiento planimétrico

La poligonación es uno de los métodos utilizados para determinar las coordenadas de puntos en topografía, especialmente para definir puntos de apoyo planimétricos. Una poligonal consta de una serie de líneas consecutivas cuyas longitudes y direcciones se conocen, obtenidas mediante mediciones de campo.

El levantamiento de una travesía se realiza mediante el método andante, que consiste en recorrer el contorno de un itinerario definido por una serie de puntos, midiendo todos los ángulos, lados y una orientación inicial. A partir de estos datos y de una coordenada inicial, es posible calcular las coordenadas de todos los puntos.

A continuación tenemos una ilustración de una poligonal:

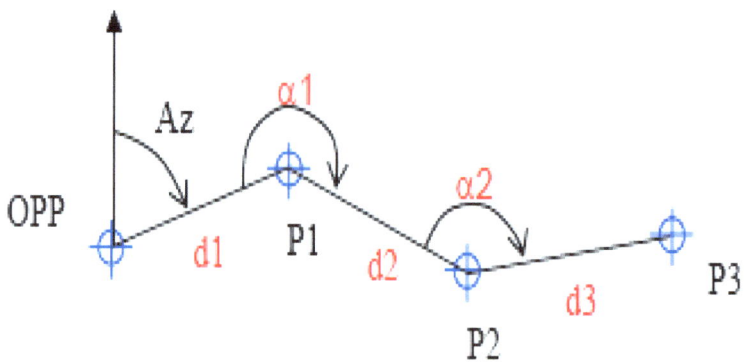

Método de irradiación

El Método de Irradiación se utiliza para inspeccionar áreas pequeñas o como método auxiliar para la poligonación. Consiste en elegir un punto conveniente para instalar el dispositivo, que puede estar dentro o fuera del perímetro, y registrar los acimutes y distancias entre la estación de teodolito y cada punto objetivo.

Este método es sencillo, rápido y fácil de utilizar, y puede asociarse a otros métodos, como caminar, para complementar la encuesta. Sin embargo, la precisión del método depende del cuidado del operador, ya que no hay control sobre los errores que puedan ocurrir.

Debido a estos posibles errores, es aconsejable que el operador no abandone inmediatamente el punto de origen antes de verificar que se hayan recopilado todos los datos necesarios. La comprobación se puede realizar sumando los ángulos alrededor del punto de origen, los cuales deben sumar 360°.
Si a lo largo de la traviesa existen lados curvos, será necesario realizar un mayor número de irradiaciones para asegurar una buena delimitación de las curvas.

Clasificación de Poligonales por la NBR 13133 (ABNT, 1994)

Poligonal Principal: Determina los puntos de apoyo topográficos de primer orden.

Poligonal Secundaria: Apoyada en los vértices de la poligonal principal, determina los puntos de apoyo topográficos de segundo orden.

Poligonal Auxiliar: A partir de puntos de apoyo topográficos planimétricos, sus vértices se distribuyen en el área o franja a levantar. Permite recolectar, directa o indirectamente, por irradiación, intersección u ordenadas sobre una línea base, los puntos de detalle importantes establecidos por la escala o nivel de detalle del levantamiento.

Método de intersección

En el Método de Intersección, se cruzan las medidas de dos puntos (dos estaciones). Primero, desde la estación A (base), se apuntan los vértices del polígono y se leen los acimutes de cada uno. Luego, el teodolito se transporta a una segunda estación B, desde donde se leen los puntos ya apuntados por A y se miden las desviaciones.

Para mayor precisión se elige una base que puede ser uno de los lados del polígono o un punto del interior del mismo. La precisión del proceso depende de la elección de la base. Este método es ideal cuando algunos vértices del polígono son inaccesibles y tiene la ventaja de la velocidad de operaciones, pero requiere que el polígono esté libre de obstáculos.

Puede usarse como un estudio único para un área o como ayuda para caminar, siempre que las áreas sean relativamente pequeñas. Al igual que con el método de irradiación, no existe posibilidad de control de errores.

Método de caminar

El Método Caminar consiste en medir los lados sucesivos de una travesía y determinar los ángulos que estos lados forman entre sí, recorriendo la travesía, es decir, caminando sobre ella. Este método es laborioso, pero muy preciso, adaptándose a cualquier tipo y tamaño de superficie. Se utiliza ampliamente en áreas relativamente grandes y accidentadas. Los métodos de radiación y de intersección se asocian al paseo como auxiliares.

La Caminata se divide a su vez en:

Abierto o Tenso: Cuando está formado por una línea poligonal apoyada en dos puntos distintos y nombrados (uno, el punto de origen y el otro, el punto de cierre).

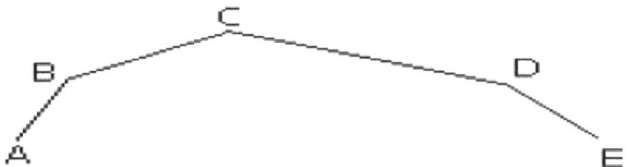

cerrado – cuando está formado por un polígono que se apoya en un solo punto, el punto de origen, con el que se confunde el punto de cierre.

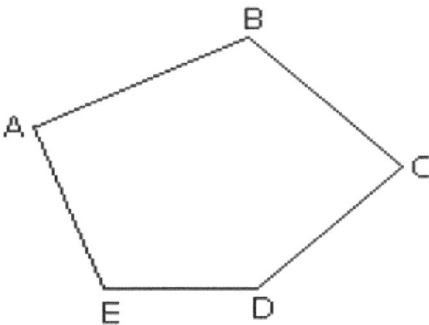

Encuesta a pie

En las encuestas de caminata, las distancias generalmente se obtienen indirectamente, mediante estadimetría. Sólo cuando las distancias son pequeñas se utiliza la cinta métrica para medirlas directamente. Los ángulos horizontales se pueden determinar de dos formas: mediante deflexiones, que permiten calcular los acimutes (el método más común), o mediante los ángulos internos de los vértices del polígono.

Luego de recolectar datos en campo, es posible identificar y corregir errores accidentales tanto en ángulos como en distancias, comparándolos con los llamados límites de tolerancia, que son los errores máximos permitidos.

El estudio de metodologías que cumplan con las especificaciones de la Norma Técnica INCRA para la georreferenciación de propiedades rurales es de gran importancia en las discusiones académicas. Esto se debe al hecho de que el uso de métodos de posicionamiento global en el estudio de propiedades rurales ha encontrado un gran apoyo en las técnicas de estudio convencionales. Cuando hay una combinación de métodos topográficos, es necesaria la reducción geométrica de las distancias al plano topográfico (KAHMEN; FAIG, 1988 apud SILVA; AZEVEDO; SEIXAS, 2006).

Métodos de encuesta

Poligonación: Muy utilizada en la georreferenciación de propiedades rústicas, especialmente en las fases de levantamiento perimetral y desarrollo del polígono de apoyo a la demarcación. El INCRA acepta la compensación de distancias y ángulos de acuerdo con la información de cierre de la travesía. Para las observaciones ajustadas por el Método de Mínimos

Cuadrados (MMQ), es importante contar con abundantes observaciones para un ajuste preciso (SILVA; AZEVEDO; SEIXAS, 2006).

Método Polar (Irradiación Simple): El más utilizado por los profesionales para levantamiento de detalles (puntos objeto), principalmente para determinar las coordenadas de los vértices que definen los límites de la propiedad, con una precisión de 50 cm con relación a su vecino.

Intersección Delantera: Debe utilizarse de acuerdo con la norma técnica INCRA (2003) para la realización de travesías mediante taquimetría, donde cada punto es visto desde dos estaciones diferentes. Este método proporciona mejores resultados para determinar los límites de propiedad y es importante para utilizar el MMQ al ajustar las observaciones.

Intersección hacia atrás (Resección): Rara vez se utiliza para determinar las coordenadas de los vértices del inmueble debido a obstáculos como vallas o muros en los linderos. Sin embargo, puede utilizarse para la densificación de estructuras geodésicas (campo de puntos de referencia). El profesional debe considerar la configuración geométrica de las estaciones para permitir el ajuste de las observaciones con este método.

CAPÍTULO 8: EL GEOPROCESAMIENTO Y SUS APLICACIONES

Alumbrado público mediante luminarias de altas prestaciones

Según la Agencia Nacional de Energía Eléctrica (ANEEL, 2010), el alumbrado público es un servicio cuyo objetivo es brindar claridad a los espacios públicos, de forma periódica, continua u ocasional.

Merecen destacarse dos conceptos básicos e importantes, que justificadamente serán abordados más adelante:

1) Iluminancia (lux): Se refiere a la relación entre el flujo luminoso que incide sobre una superficie y el área de esa superficie. Luminancia (cd/m^2): Representa la intensidad luminosa que emana de una superficie.

2) Temperatura de color: Expresa la apariencia del color de la luz emitida. Índice de reproducción cromática: mide la correspondencia entre el color real de un objeto y su apariencia bajo una fuente de luz determinada.

Algunos quizás se pregunten cuál es la relación entre el alumbrado público y el geoprocesamiento. La respuesta es bastante sencilla: a través de un sistema de geoprocesamiento, concretamente de georeferenciación, es posible realizar estudios de campo mediante GPS, recogiendo diversos datos e información que facilitan la gestión del alumbrado público. Esto contribuye a reducir el desgaste, aumenta la eficiencia lumínica y, en definitiva, ayuda a reducir costes en este sector, que actualmente se enfrenta a numerosos retos.

Si bien existen dificultades en la implementación de proyectos de alumbrado público, como la distancia entre postes, que muchas veces no está planificada para soportar la red de distribución de energía, el uso de un sistema de georreferenciación ofrece varias ventajas, entre ellas:

- Estudio del parque de alumbrado público existente;
- Facilidad de localización de puntos defectuosos;
- Registro del histórico de intervenciones y vinculación de materiales aplicados a cada punto de luz.

Schueda (2011) destaca que muchos municipios aún no cuentan con un levantamiento completo de su parque de alumbrado público o cuentan con un registro desactualizado. Esto genera dificultades para obtener los materiales necesarios para el mantenimiento y complica el estudio de carga de alumbrado público por parte de la compañía energética, fundamental para calcular el consumo energético.

Por este motivo, para una buena gestión del alumbrado público, es necesario realizar un levantamiento de campo de todos los puntos existentes, registrando las coordenadas georeferenciadas de cada punto de alumbrado. Estos datos deben introducirse en un sistema que permita la descripción completa de toda la información relativa a cada punto de luz.

El mismo autor, en sus estudios, señaló que el uso de un sistema de alumbrado público georreferenciado permite vincular los materiales al punto de luz. Se puede generar un código de barras para el material que sale del almacén y, durante la ejecución de la orden de servicio en campo, el electricista debe registrar, ya sea a través de PDA, libretas o órdenes de servicio impresas, el código de barras del material aplicado en ese punto. Esto dificulta posibles desviaciones de materiales, además de posibilitar controlar la vida útil de los componentes, verificar la durabilidad según la marca del equipo y detectar defectos en un lote específico de componentes.

Aplicación en licenciamiento ambiental

La concesión de licencias ambientales es un campo donde las herramientas de geoprocesamiento han demostrado una gran aplicabilidad, como lo demuestra el trabajo de Veslaques et al. (2002) y Corrêa et al. (2013). El uso de la teledetección, por ejemplo, está ya consolidado en la gestión territorial y ambiental, siendo una herramienta especialmente eficaz en la gestión pública. Se utiliza tanto en la planificación del desarrollo territorial como en el diseño y ejecución de políticas públicas, posibilitando un amplio uso en la gestión de los recursos naturales (SILVA; ALTIMARE; LIMA, 2006; ALMEIDA, AC, 2010; MENKE, et al., 2009) .

Cuando se aplican a la gestión del uso y ocupación de la tierra y los recursos naturales, las herramientas de teledetección pueden agregar agilidad y calidad a las acciones, especialmente en inspección y licenciamiento ambiental. Este último, establecido por la Política Ambiental Nacional, otorga al Estado la responsabilidad de proteger y gestionar adecuadamente los recursos naturales, así como controlar las actividades potencialmente nocivas para el medio ambiente (BRASIL, 1981).

La teledetección se ha utilizado con éxito en la cartografía de zonas forestales. Las diferentes fitofisonomías presentan índices de reflectancia foliar variables, que dependen de factores como la especie presente, la tasa de clorofila, la disposición de los cloroplastos y vacuolas, la cantidad de agua en las hojas y la densidad del dosel. Con muestras de esta información es posible, utilizando un software adecuado, buscar imágenes satelitales de áreas con espectros similares (COOPS et al., 2001; CHEN et al., 2007 apud CORREA et al., 2013).

De esta manera, se puede determinar la distribución de un ecosistema en función de la flora característica, permitiendo también la construcción de modelos computacionales para predicción probabilística, seguimiento de cambios faciales y control de cambios.

Corrêa et al. (2013) eligieron un manglar para mapeo, cuantificación y monitoreo, justificando que este ecosistema está bajo una presión cada vez mayor debido a las actividades humanas. La degradación de estas áreas es intensa, con una pérdida anual del 1% al 2%, debido principalmente a la ocupación urbana, la contaminación y la instalación de empresas, especialmente acuícolas.

Para realizar este trabajo, los autores utilizaron imágenes multiespectrales de la constelación de satélites RapidEye, las cuales están georreferenciadas y ortorrectificadas. Estas imágenes, con una resolución de 5 metros y 12 bits, están compuestas por cinco bandas, entre ellas el infrarrojo cercano (0,76 a 0,90 micrómetros) y el borde rojo (0,69 a 0,73 micrómetros), además del espectro visible. Las imágenes abarcaron toda la costa de Sergipe, cubriendo una superficie de 502.200 hectáreas.

Para procesar las imágenes se utilizó el programa ERDAS Imagine Professional, que sigue el principio del modelado ecológico. En este proceso, la información vinculada a cada píxel de la imagen sirve como muestra para identificar áreas con información similar. Se recolectaron en campo las coordenadas geográficas de las áreas de manglares para que sirvieran como banco de muestras, determinando la firma de la imagen de este ecosistema. El valor de reflectancia de las áreas fue la información vinculada a la imagen.

En el programa, con la herramienta Model Maker, se eliminaron de las imágenes todas las áreas sin biomasa vegetal utilizando el Índice de Vegetación de Diferencia Normalizada (NDVI). Las imágenes fueron clasificadas utilizando la herramienta de clasificación supervisada, basada en firmas creadas a partir de coordenadas recolectadas en campo para identificar áreas de manglares. Esta clasificación resultó en un modelo de distribución de manglares en el Estado.

Los autores concluyeron que el diagnóstico de la extensión y distribución de los remanentes de manglares en Sergipe puede ser utilizado como una herramienta en el monitoreo ambiental del ecosistema, así como en la planificación y gestión del uso y ocupación del suelo, direccionando actividades de desarrollo humano hacia áreas donde no causar impactos negativos al medio ambiente.

La implementación de un sistema automatizado de monitoreo ambiental representa un avance importante en la gestión de ecosistemas, proporcionando información sobre avances y supresiones en áreas de manglares y permitiendo a los organismos otorgantes de licencias actuar de manera más efectiva en el monitoreo y preservación de estas áreas (CORREA et al., 2013).

Solicitud de gestión de vías públicas

El párrafo 2 del artículo 95 del Código de Tránsito brasileño (Ley n° 9.503/97) establece que ninguna obra o evento que pueda perturbar o interrumpir la libre circulación de vehículos y peatones, o poner en riesgo su seguridad, podrá iniciarse sin autorización previa. del organismo responsable de la ruta.

Satisfacer las demandas de circulación de la población dentro del perímetro urbano es uno de los mayores desafíos que enfrentan los administradores y planificadores municipales. Con el progresivo aumento del número de personas en circulación y, en consecuencia, de la demanda de vías públicas, es crucial que gobiernos y planificadores tomen decisiones más efectivas, tanto en los aspectos operativos como financieros.

Santos (2004) destaca que los objetivos, a menudo contradictorios, de reducir costos y mejorar la calidad de los servicios prestados requieren niveles crecientes de capacitación para los técnicos de transporte y tránsito, así como mejores herramientas para ayudar en el proceso de planificación. Esta necesidad de actualizar las herramientas utilizadas por los tomadores de decisiones en las áreas de planificación urbana y transporte ha llevado a una creciente demanda de Sistemas de Información Geográfica (SIG).

La generación de información correcta y confiable es fundamental para una gestión estratégica y eficiente, tanto en organizaciones públicas como privadas. En el sector público, esto permite un mayor control de los gastos y optimización de los recursos, lo que se traduce en una mayor satisfacción y una atención más rápida al público.

En este contexto, el geoprocesamiento ha demostrado ser una herramienta valiosa para optimizar las acciones de las empresas. Utilizando técnicas que involucran ubicación espacial y procesamiento de datos, el geoprocesamiento abstrae variables estratégicas del mundo real y las analiza dentro de un espacio predefinido (SANTOS, 2004).

El investigador propuso la aplicación del geoprocesamiento en la gestión del transporte y del tráfico en un municipio de Minas Gerais, específicamente en la zona central de Itabira (MG). Justifica esta solicitud citando a Viviani et al. (1994) y Silva (2001), quienes afirman que los SIG han sido ampliamente utilizados en la Ingeniería del Transporte, siendo conocidos como SIG-T. El campo de aplicación de GIS-T es amplio y abarca desde la planificación hasta las operaciones de transporte. Algunas de las diversas aplicaciones de los SIG en el transporte incluyen el diseño geométrico de carreteras, el seguimiento y control del tráfico, el análisis de la oferta y la demanda de transporte, la prevención de accidentes, la optimización de rutas y el control de las operaciones viales.

Las principales ventajas de utilizar SIG junto con modelos de transporte son:

Integridad de los datos: cuando se integra con modelos, los SIG proporcionan una mayor transparencia de los aspectos físicos de los datos para el usuario;

Simplificación de operaciones: Las operaciones preincorporadas al SIG eliminan o simplifican tareas que normalmente se realizarían manualmente o en módulos computacionales aislados y poco integrados;
Facilidad de edición y representación gráfica;
Tratamiento topológico: Facilita las operaciones de edición de base geográfica;

Reducción de costos en almacenamiento y edición;

Análisis avanzados: Permite realizar análisis y representaciones que antes eran prácticamente inviables en procesos tradicionales, como identificar caminos más cortos entre pares de zonas de origen y destino, entre otros (KAGAN et al., 1992).

Bravo y Cerdá (1995) enfatizan que los SIG no son un "fin" en sí mismo, sino un "medio", una herramienta para analizar y optimizar procesos. La eficacia del sistema depende tanto de sus características y potencial como de la capacidad de los operadores o especialistas que lo utilizan. Es fundamental que exista una organización de personas, instalaciones y equipos dedicados a la implementación de un SIG, con objetivos claros y los recursos necesarios para alcanzarlos.

El trabajo de Santos (2004) demostró que el SIG permite la ejecución de proyectos de interdicción, ayudando a preparar oportunamente planes para el cierre de vías públicas urbanas. Esto optimiza la toma de decisiones sobre cambios de itinerario y facilita la elección de ubicaciones para eventos, minimizando la interrupción del tráfico local. El sistema proporciona información detallada sobre la ubicación del evento, dirección del tráfico, ancho y pendiente de la carretera, rutas de autobuses, puntos de parada, tipo de señalización y nombres de lugares públicos.

CAPÍTULO 9: CARTOGRAFÍA TEMÁTICA

Mientras que la cartografía sistemática o topográfica tradicional aborda la creación de productos cartográficos de forma geométrica y descriptiva, la cartografía temática ofrece una solución analítica o explicativa, como veremos a continuación.

De forma simplificada, podemos decir que la Cartografía Temática se ocupa de la planificación, ejecución e impresión final (o trazado) de mapas temáticos, que son aquellos dedicados a la representación de un tema principal. Para conseguir un buen resultado en un mapa temático es necesario seguir ciertos preceptos. Como estos mapas se basan en mapas preexistentes, es fundamental tener un conocimiento preciso de las características de la base de origen (FITZ, 2008).

Mapas temáticos

Los mapas temáticos generalmente utilizan otros mapas como base, con el objetivo principal de proporcionar una representación de los fenómenos presentes en la superficie terrestre, utilizando una simbología específica. Cualquier mapa que presente información más allá de la simple representación de una zona puede catalogarse como temático, pero debe incluir ciertos elementos fundamentales para asegurar la comprensión por parte del usuario. Estos elementos son:

1. Título del mapa: Debe ser destacado, preciso y conciso.
2. Convenciones utilizadas.
3. Base de origen: mapa base, datos, etc.
4. Referencias: Autoría, fecha de producción, fuentes, etc.

5. Indicación de la dirección norte: Necesaria si no existe un sistema de coordenadas de plano geográfico o rectangular.

6. Escala.

7. Sistema de proyección utilizado.

8. Sistema(s) de coordenadas utilizado(s): Pueden ser cuadrículas (retículas) o cuadrados.

Según Fitz (2008), la creación o construcción de un mapa debe necesariamente considerar las seis primeras características enumeradas, de lo contrario se corre el riesgo de comprometer la calidad del trabajo. Otras recomendaciones del autor incluyen:

Siempre que sea posible, incluir sistemas de proyección y coordenadas para validar científicamente la información contenida en el mapa.

Cuando el mapa tiene un sistema de coordenadas representado por cuadrados o retículas, indicar la dirección norte se vuelve opcional.

En los mapas digitales toda la información enumerada es fundamental, ya que su ausencia impide el uso de técnicas de geoprocesamiento, que tienen como objetivo almacenar, procesar y analizar datos georeferenciados, es decir, información ubicada espacialmente. Para ello es necesario disponer de mapas altamente cualificados.

Los mapas temáticos deben presentar ciertas características básicas para que puedan ser fácilmente comprendidos por cualquier usuario. Para leer correctamente los detalles y vincularlos a la realidad, es necesario usar la imaginación, recordando que los mapas son representaciones del terreno, diseñadas para presentar sus características de la forma más fiel posible.

Retículas y cuadrados

Retículas: Conjuntos de líneas que se cortan perpendicularmente formando trapecios esféricos.

Cuadrados: Pares de líneas paralelas que se cruzan en ángulo recto, formando cuadrados o rectángulos.

Representación de datos en mapas temáticos

Los datos a representar tienen características específicas que deben ser tratados con cuidado. Para que un mapa traduzca exactamente lo que deseas, es fundamental utilizar ciertas variables visuales de manera precisa, como por ejemplo:

Tamaño de elementos: Debe haber una proporción adecuada a la escala del mapa y al tamaño final del producto impreso.

Tonos y sombreados: Métodos de representación que utilizan líneas paralelas o colores para dar idea de densidad o estructura del relieve. Los mapas con información cuantitativa deben utilizar variaciones de sombra o sombreado para diferenciar valores.

Formas de Representación

Para una representación precisa y objetiva, es fundamental utilizar diferentes formas de representación, como por ejemplo:

Forma lineal: para información que requiere un diseño característico, como carreteras y ríos. La línea dibujada a menudo no se corresponde con el ancho real del motivo.

Forma de punto: para información que se puede representar mediante puntos o figuras geométricas, como ciudades o industrias.

Forma zonal: Para información que ocupa un área determinada, representada por polígonos, como vegetación, suelo, clima, etc.

Principios fundamentales para mapas cartográficos

1. Cada fenómeno debe estar representado por un simbolismo específico.

2. Para obtener información cualitativa, los símbolos deben variar en forma.
Estos principios aseguran que los temas presentados en un mapa cartográfico sean claros, objetivos y precisos, facilitando la comprensión y el análisis por parte del usuario.

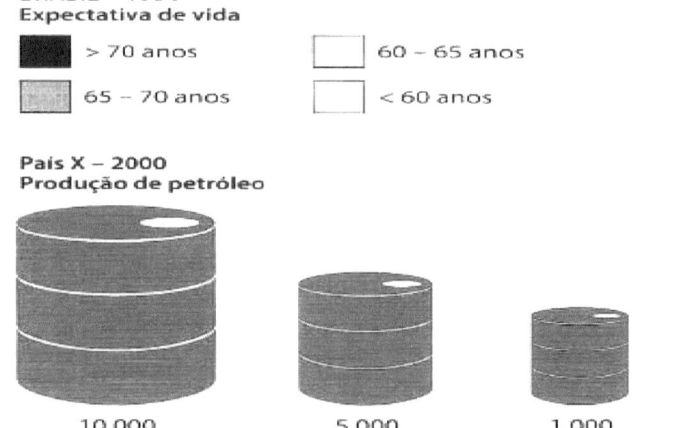

Información cualitativa y cualitativa.

2) Los cursos de agua se representan en azul, utilizando la nomenclatura más común. Los ríos más grandes, siempre que sea posible, se dibujan con un ancho compatible con su tamaño real, mientras que las fuentes se indican con líneas discontinuas.

3) La cobertura vegetal y las plantaciones generalmente se representan en tonos de verde, con diferentes tonalidades para distinguir los diferentes tipos de vegetación y uso del suelo. Cabe señalar que esta cobertura puede presentar cambios debido a transformaciones que han ocurrido en el área desde que se creó el mapa.

4°) Las ciudades y pueblos con áreas urbanas importantes, según la escala del mapa, se pueden mostrar con una simplificación de las calles, generalmente en color rosa. A medida que aumenta la escala del mapa, el detalle (calles, avenidas, cuadras, etc.) se vuelve más preciso.

5°) Los pequeños cuadrados negros pueden representar edificios existentes. Las iglesias y escuelas suelen tener íconos específicos, y edificios como plantas, cementerios, fábricas, entre otros, se pueden identificar más claramente con una nota específica al lado, lo que facilita su localización.

Los mapas también incluyen topónimos de lugares conocidos, tanto a nivel general como para la población local, como nombres de ríos, cerros, pueblos, etc. Algunos mapas temáticos pueden ofrecer mayor detalle, dependiendo de la base utilizada. Por ejemplo, algunos mapas presentan isohipsis, o curvas de nivel, como líneas en color sepia (marrón claro), con números aparentes, generalmente cada 100 metros. Los puntos acotados también se pueden indicar con su valor y una "X" al lado, en negro para ubicación exacta o en sepia cuando se obtienen por interpolación. Un triángulo con un punto central indica la ubicación de un hito geodésico o topográfico. Las líneas discontinuas con puntos entre los guiones representan líneas de transmisión de energía (alto/bajo voltaje), mientras que las líneas discontinuas con una "x" entre los guiones representan vallas.

Todo mapa confiable debe incluir las convenciones utilizadas y sus explicaciones, generalmente presentadas en una leyenda ubicada en una esquina del mapa, enmarcada y titulada "leyenda" o "convenciones". La leyenda es la tabla que enumera las convenciones utilizadas (FITZ, 2008).

Otra consideración importante es la fuente de información y sus referencias. La calidad de la información de un mapa temático depende directamente del mapa base utilizado y de la credibilidad de los datos representados. La autoría, fecha de creación, base de datos y cualquier otra información relevante debe indicarse claramente en el pie de página del mapa. Sin esta información, un mapa pierde sus calificaciones técnicas y académicas, limitando su uso a fines menos rigurosos.

No podemos olvidar la importancia del sistema de proyección y la escala. Para garantizar la calidad del producto final, estos aspectos deben considerarse cuidadosamente. Cuando se busque una mayor precisión, es imprescindible incluir, además de los ítems mencionados, la escala y el sistema de proyección utilizados, los cuales deberán indicarse claramente.

Si se presenta un mapa sin estas características, debe contener una nota como: "Mapa ilustrativo, carente de rigor geométrico" (FITZ, 2008, p. 54).

Actualmente, generar mapas en medios digitales es la forma más común de crearlos. Sin embargo, las facilidades que ofrece la TI también plantean desafíos, que pueden verse exacerbados si la información se maneja sin el debido cuidado o por profesionales no calificados. Los "ajustes" realizados a un mapa para adaptarlo a un trabajo específico pueden causar daños irreparables al material. Por ejemplo, "estirar" un mapa puede cambiar tanto el sistema de proyección como la escala original. En algunos casos es posible reducir la escala con relación al mapa original, pero aumentarla compromete la confiabilidad del trabajo desarrollado.

La cuestión del tamaño

La representación de datos cartográficos se caracteriza por su distribución espacial, pudiendo clasificar esta información en diferentes dimensiones, como se describe a continuación:

Adimensional (OD): Se refiere a datos que no tienen una estructura definida, como los datos meteorológicos ubicados en un punto con coordenadas conocidas.

Unidimensional (1-D): Implica datos que tienen una sola dimensión definida, como una carretera, que está representada por una secuencia de puntos con coordenadas conocidas.

Bidimensional (2-D): Se refiere a datos con dos dimensiones definidas (x, y), como el área de una cuenca, donde cada punto de la superficie tiene coordenadas específicas.

Tridimensional (3-D): Incluye datos con tres dimensiones, como la representación altimétrica de un área, donde además de las coordenadas del plano (x, y), se agrega una coordenada "z" que representa la altura.

Altimetría

Si bien hemos hablado de levantamientos planimétricos, la elevación también es una consideración crucial cuando se trata de mapas. Se recomienda encarecidamente el uso de curvas de nivel o colores hipsométricos para indicar altitudes.

Las curvas de nivel, o isoipses, se pueden definir como líneas imaginarias en un área específica que conectan puntos de igual altitud. Estas líneas se utilizan para representar gráfica y matemáticamente el comportamiento del terreno en un mapa.

De forma simplificada, las curvas de nivel se pueden ver como secciones (cortes) de un relieve, mantenidas a una distancia constante entre sí.

A continuación, tenemos una representación genérica del proceso de conversión de una representación tridimensional, con seccionamiento constante del terreno, a una representación bidimensional mediante el dibujo de las respectivas curvas de nivel.

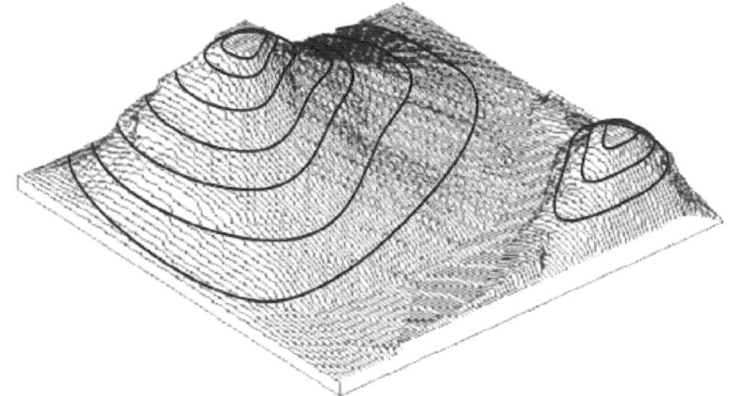

Representación tridimensional del terreno.

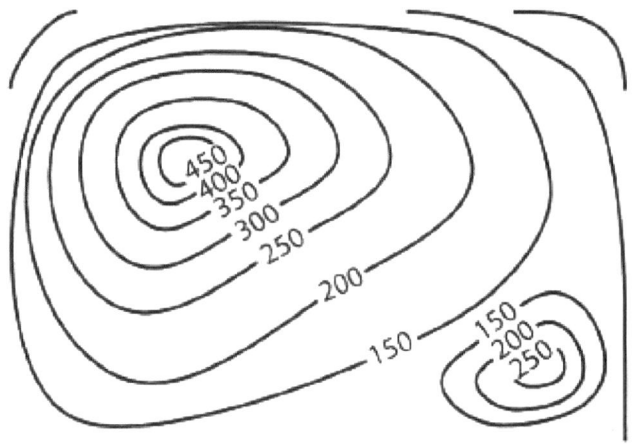

Representación de curvas de nivel (isoipsas)

Mapas temáticos

Como vimos anteriormente, los mapas temáticos dependen de otros mapas como base para su creación. Cualquier mapa que ofrezca información más allá de la simple representación del área analizada puede considerarse temático.

Fitz (2008) destaca que la calidad del producto final es un reflejo directo de los procesos realizados a lo largo de su construcción. La creación y calidad de los mapas técnicos están directamente relacionadas con el origen de los datos obtenidos. De este modo, la calidad de un mapa de suelos, geológico o geomorfológico, por ejemplo, está íntimamente ligada al trabajo realizado desde los primeros estudios de campo hasta su elaboración final. En este contexto, es importante recordar todas las características que debe tener un mapa temático.

Ahora, veamos algunos ejemplos de mapas temáticos y las técnicas básicas para crearlos, teniendo en cuenta que algunos de ellos pueden no incluir todos los elementos comentados anteriormente.

a) Mapas Zonales

Los mapas zonales se utilizan para presentar áreas previamente delimitadas, en base a levantamientos de datos. Se construyen a partir de mapas existentes, como, por ejemplo, divisiones políticas de un estado, y se utilizan para crear mapas de regionalización, concentración poblacional, nivel socioeconómico, entre otros.

Pasos para su ejecución:

1. Elegir el mapa base más adecuado para superponer los datos que formarán el mapa temático.
2. Selecciona el patrón de color, sombreado o símbolos que mejor se adapten al mapa.
3. Definir las convenciones a utilizar.
4. Insertar los datos en las áreas previamente determinadas.

b) Mapas de puntos

Los mapas de puntos se utilizan para representar visualmente cantidades de determinados elementos de forma clara y amena. Resaltan los detalles de ubicación con mayor precisión, permitiendo una visión general de la concentración o densidad relativa de datos a través de los puntos representados.

Al crear mapas de puntos, es importante considerar la cantidad de puntos que se representarán. Si bien muchos puntos pueden aumentar la precisión, también pueden hacer que el mapa sea difícil de entender debido al exceso de información.

Técnica de ejecución:

1. Asigne un valor a cada punto a representar, como por ejemplo 1 punto = 100 habitantes.
2. Calcular el número de puntos a sortear, dividiendo el valor total del área por el valor asignado a cada punto.
3. Posicionar los puntos en las ubicaciones determinadas.

A continuación, tenemos un ejemplo de un mapa de puntos de una ubicación ficticia, que indica la concentración de población a lo largo de una carretera.

1 punto = 100 habitantes   Escala1:1000
1 punto = 100 habitantes   Escala1:1000

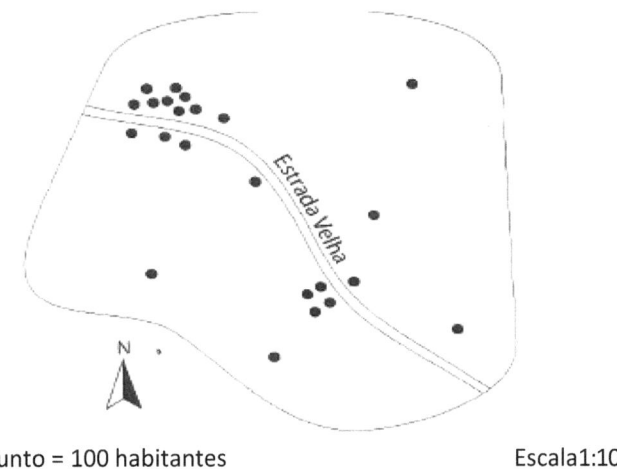

1 punto = 100 habitantes   Escala1:1000

c) Mapa circular

Los mapas circulares se utilizan cuando la atención se centra en la representación estadística de datos en lugar de en la precisión espacial, como es el caso de los mapas de puntos.

Técnica de ejecución:

1. Definir los valores a representar para facilitar la interpretación de estas cantidades.

2. Calcule el radio (o diámetro) de los círculos en función de los valores definidos. Esto se hace utilizando una proporción entre las raíces cuadradas de los valores a representar y el menor de estos valores, ya que el área de un círculo viene dada por $A = \pi R^2$.

3. Establecer la unidad de radio (o diámetro) de los círculos según la escala del mapa o de los datos a representar.

La dinámica se puede ilustrar con base en los datos de la siguiente tabla:

Região	Homens	Raiz quadrada	Mulheres	Raiz quadrada
Norte	60,3	7,76	45,9	6,77
Nordeste	95,6	9,78	80,6	8,98
Sudeste	37,0	6,08	22,8	4,77
Sul	33,6	5,80	19,6	4,43
Centro-Oeste	40,0	6,32	25,6	5,06

BRASIL: TASA DE MORTALIDAD INFANTIL (%0) POR REGIÓN
(1990)

Procedimientos de cumplimiento

1. Con base en el cuadro anterior, que presenta la "tasa de mortalidad infantil en Brasil por región", se define como referencia el valor más bajo, que es 19,6.

2. Calcule la raíz cuadrada de todos los valores presentados en la tabla.

3. La relación se establece entre las raíces cuadradas de los valores más grandes de la tabla y la raíz cuadrada del valor más pequeño.

$$9,78 \div 4,43 = 2,21$$
$$8,98 \div 4,43 = 2,03$$
$$7,76 \div 4,43 = 1,75$$
$$6,77 \div 4,43 = 1,53$$
$$6,32 \div 4,43 = 1,43$$
$$6,08 \div 4,43 = 1,37$$
$$5,80 \div 4,43 = 1,31$$
$$5,06 \div 4,43 = 1,14$$
$$4,77 \div 4,43 = 1,08v$$

4. Con los valores determinados se calcula el diámetro (o radio) del círculo en base al valor de referencia (en este caso, 19,6). El valor de referencia se asigna a una unidad de medida fácilmente identificable (por ejemplo, para una tasa de mortalidad del 19,6% se utiliza 1,96 cm). Para otras tarifas, se multiplica el valor encontrado en el paso anterior por el valor de referencia, estableciendo así las proporciones necesarias.

19,6‰ → 1,96 cm
22,8‰ → 1,96 cm × 1,08 = 2,12 cm
25,6‰ → 1,96 cm × 1,14 = 2,23 cm
33,6‰ → 1,96 cm × 1,31 = 2,57 cm
37,0‰ → 1,96 cm × 1,37 = 2,68 cm
40,0‰ → 1,96 cm × 1,43 = 2,80 cm
45,9‰ → 1,96 cm × 1,53 = 3,00 cm
60,3‰ → 1,96 cm × 1,75 = 3,43 cm
80,6‰ → 1,96 cm × 2,03 = 3,98 cm
95,6‰ → 1,96 cm × 2,21 = 4,33 cm

d) Mapas de isolíneas

Los mapas de isolíneas son esenciales para crear modelos numéricos a menudo asociados con el terreno, como isolíneas o curvas de nivel. Las curvas maestras, generalmente obtenidas por interpolación de puntos citados, están marcadas a intervalos de 100 m. La equidistancia de las curvas intermedias, normalmente derivadas de las curvas maestras, varía según la escala del mapa: para una escala de 1:50.000, el intervalo es de 20 m; para una escala de 1:100.000, es 40 m, y así sucesivamente. En escalas mayores, se utilizan curvas auxiliares con líneas discontinuas e intervalos de 50 m para mejorar la visualización.

Además de las curvas de nivel, los mapas de isolíneas pueden incluir otros tipos, como isotermas (líneas con la misma temperatura), isobaras (líneas con la misma presión), isoyetas (líneas con la misma precipitación) e isopáginas (líneas con la misma escarcha). índice).

Procedimientos para su construcción:

1. Realizar un levantamiento de datos puntuales con coordenadas conocidas.

2. Transfiera los datos recopilados al mapa (consulte la ilustración a continuación).
3. Determine el rango máximo entre valores de datos.

4. Definir las clases a representar.

5. Trace las isolíneas utilizando un método de interpolación apropiado (también ilustrado a continuación).

e) Mapas de flujo

Los mapas de flujo se utilizan para identificar movimientos en una región, como movimientos de población, flujos turísticos, rutas de transporte, migración de animales y otros movimientos. Representan gráficamente estos flujos a través de líneas (generalmente flechas) de diferente espesor para indicar la intensidad y proporción de los flujos entre diferentes ubicaciones.

Los mapas políticos suelen servir como base para esta representación, pero también se pueden utilizar diagramas esquemáticos. Por ejemplo, los flujos de trenes metropolitanos suelen representarse de esta manera.

Procedimientos para su ejecución:

1. Identifique los valores mayor y menor de los datos disponibles.

2. Asigne un valor a cada línea a representar. Por ejemplo, una línea de 1 mm de grosor podría representar 10 unidades, mientras que una línea de 5 mm de grosor podría representar 50 unidades.

3. Localizar en el mapa base los puntos de origen y destino de los flujos, minimizando los cruces entre líneas.

4. Dibuja las líneas en el mapa correspondiente.

A continuación se muestra una simulación del flujo de exportación/importación entre dos países ficticios, A y B. La dirección de las flechas indica el volumen de importación de cada país. En el ejemplo, el país A exporta 3 millones de unidades monetarias al país B e importa 1 millón. Esta representación se puede realizar en un mapa o de forma esquemática, como se ilustra.

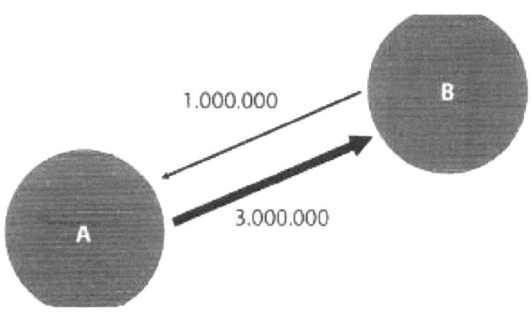

CONSIDERACIONES FINALES

El viaje a través de la ciencia de la medición de la Tierra, que abarca desde los orígenes de la geodesia hasta los avances modernos en la topografía y las tecnologías espaciales, revela la profundidad y complejidad de este campo esencial. La exploración de la geodesia y la topografía, sus técnicas, instrumentos y aplicaciones, ilustra la continua importancia de estas disciplinas en nuestra comprensión del planeta y en el desarrollo de las tecnologías que dan forma a nuestra vida cotidiana.

Desde los primeros métodos rudimentarios de medición de la Tierra hasta las sofisticadas técnicas de geodesia espacial, la ciencia de la medición ha evolucionado notablemente. La integración de nuevas tecnologías, como los sistemas de navegación por satélite y las técnicas avanzadas de teledetección, ha transformado la precisión y el alcance de las mediciones. La capacidad de obtener datos con precisión milimétrica y en tiempo real ha permitido avances significativos en áreas como la monitorización ambiental, la planificación urbana y la exploración espacial.

La relación entre geodesia y topografía es un claro ejemplo de cómo disciplinas científicas interrelacionadas contribuyen a una comprensión más completa y precisa de la Tierra. La geodesia proporciona las referencias y modelos globales necesarios para corregir y ajustar las mediciones locales realizadas mediante topografía. Juntas, estas disciplinas garantizan que las mediciones y los mapas creados sean precisos, coherentes y útiles para una amplia gama de aplicaciones prácticas.

El impacto de las tecnologías emergentes es evidente en todas las áreas de la ciencia de la medición de la Tierra. El auge de los sistemas GNSS, el uso de láseres para el escaneo del terreno y la implementación de técnicas de Big Data para el análisis de datos son sólo algunos ejemplos de cómo la innovación tecnológica está transformando el campo. Estas tecnologías no sólo mejoran la precisión de las mediciones, sino que también amplían las posibilidades de aplicación, desde la agricultura de precisión hasta la exploración de otros planetas.

Aunque los avances tecnológicos han ampliado significativamente las capacidades de la ciencia de la medición, persisten los desafíos. La integración de grandes volúmenes de datos, la necesidad de correcciones en tiempo real y la adaptación a los cambios ambientales y tectónicos son áreas que requieren atención continua. La investigación y el desarrollo en áreas como la geodesia espacial y la topografía seguirán abordando estos desafíos, ofreciendo nuevas soluciones y perspectivas.

El futuro de la ciencia de la medición de la Tierra promete ser aún más innovador y expansivo. Con el avance continuo de las tecnologías espaciales y el análisis de datos, se mejorará la capacidad de comprender y monitorear nuestro planeta, lo que permitirá una gestión más eficiente de los recursos naturales y una mejor preparación para los desastres naturales. Además, la exploración de otros cuerpos celestes y la expansión de la exploración espacial crearán nuevas oportunidades y desafíos para medir y comprender el universo.

El estudio de la geodesia y la topografía no es sólo una exploración de técnicas y tecnologías, sino también un viaje para comprender la interconexión entre la ciencia, la tecnología y la vida cotidiana. A medida que continuamos explorando y ampliando nuestros horizontes, es fundamental reconocer la importancia de estas disciplinas para crear un futuro más preciso, sostenible y exploratorio. Medir la Tierra, tanto en contextos globales como locales, juega un papel crucial en nuestra capacidad para enfrentar desafíos, aprovechar oportunidades y comprender nuestro lugar en el cosmos.

Al completar este trabajo, esperamos que el lector haya obtenido una comprensión más profunda de las complejidades e innovaciones en la ciencia de la medición de la Tierra. La intersección entre geodesia y topografía revela no sólo la precisión científica necesaria para nuestra era moderna, sino también la capacidad humana de innovar y adaptarse para resolver problemas y explorar nuevas fronteras.

REFERENCIAS BIBLIOGRÁFICAS

Aquí está la lista ordenada en orden ascendente:

1. ALMEIDA, CM Aplicación de los sistemas de teledetección de imágenes y planificación urbana regional. Revista Electrónica de Arquitectura y Urbanismo (USJT) v. 3, pág. 98-123, 2010.

2. ALMEIDA, Ariclo Pulinho Pires de; FREITAS, José Carlos de Paula; MACHADO, María Márcia Magela. TOPOGRAFÍA - 1 - Instituto de Fundamentos, Teoría y Práctica de Geociencias de la Universidad Federal de Minas Gerais, Depto°. de Cartografia, 2006. Disponible en: www.csr.ufmg.br/geoprocessamento/publicacoes/Apostila%20T op1.pdf

3. ANGULO FILHO, Rubens. Apuntes de las clases de Topografía y Geoprocesamiento. Piracicaba: USP, 2007.

4. BRANDALIZAR, Maria Cecília Bonato. Geoprocesamiento: notas. Curitiba: UFPR, 2008.

5. BRASIL. Ley n° 6.938, de 31 de agosto de 1981. Disponible en:
<http://www.mma.gov.br/port/conama/legiabre.cfm?codegi=313 >.

6. BRASIL. NBR 13133. Ejecución de levantamiento topográfico. Con erratas de diciembre de 1996. Disponible en: http://www.georeferencial.com.br/old/material_didatico/NBR_1 3133_Execucao_de_Levantamento_Topografico.pdf

7. CASTRO JUNIOR, Rodolfo Moreira. Topografía. Vitória: UFES, 1998. Disponible en: http://www.ltc.ufes.br/geomaticsce/Apostila%20de%20Topogra fia.PDF

8. CINTRA, JP Automatización topográfica: del campo al proyecto. São Paulo: USP, 1993. Tesis Libre de Docencia en Ingeniería del Transporte.

9. CORRÊA, Mónica et al. Uso del geoprocesamiento en licenciamientos ambientales, para mapeo, cuantificación y monitoreo de manglares. Actas XVI Simposio Brasileño de Teledetección - SBSR, Foz do Iguaçu, PR, Brasil, 13 al 18 de abril de 2013, INPE. Disponible en: http://www.dsr.inpe.br/sbsr2013/files/p1241.pdf

10. DI MAIO, Angélica Carvalho. Conceptos de geoprocesamiento. Niterói: UFF, 2008.

11. DOMINGUES, FAA - Topografía y astronomía de posición para ingenieros y arquitectos. São Paulo: Editora McGraw-Hill do Brasil, 1979.

12. FREIBERGER, Jaime; MORAES, Carlito V. de; SAATKAMP, Eno D. Geodesia y Topografía. Apuntes de clase. Santa María: UFSM, 2011.

13. FREITAS, Thiago de Souza. Qué es la topografía, cuál es su función, objetivos, importancia y sus divisiones. Juazeiro do Norte: Universidade Regional do Cariri, 2011.

14. GARRIDO, Mario. Levantamiento topográfico – Planimetría. Campinas: Universidad Estatal de Campinas/Centro Superior de Educación Tecnológica, 2008.

15. GIACOMIN, Regiane F. Curso Técnico de Construcción de Manuales de Topografía. SENAI, 2009. Disponible en: http://notedi1.files.wordpress.com/2010/02/apostilla_topografia.pdf

16. GRANELL-PÉREZ, María del Carmen. Trabajar la geografía con mapas topográficos. Ijuí: Editora Unijuí, 2001.

17. INUÍ, César. Metodología para el control de calidad de mapas topográficos digitales. São Paulo: USP, 2006.

18. LOCH, Carlos; CORDINI, Jucilei. Topografía contemporánea: planimetría. Florianópolis: Ed. UFSC, 2000.

19. MARQUÉS, Ricardo. Introducción a la Geodesia. João Pessoa: UFPb, 2013.

20. MDE/INCRA. Ministerio de Desarrollo Agrario (MDE). Norma Técnica para la Georreferenciación de Predios Rurales. Instituto de Colonización y Reforma Agraria (INCRA). 2003.

21. MEDINA, A. El término griego 'Geodesia': un estudio etimológico, GEODESIA en línea, 3/1997.

22. MENKE, AB, et al. Análisis de cambios en el uso del suelo agrícola a partir de datos de teledetección multitemporal en el municipio de Luís Eduardo Magalhães (Ba – Brasil). Sociedad y Naturaleza, Uberlândia, v. 21, núm. 3, pág. 315-326, 2009.

23. OLIVEIRA, C. de. Curso de Cartografía Moderna. 2 ed. Río de Janeiro: IBGE, 1993.

24. ORTO, Dora. Topografía Aplicada. Florianópolis: UFSC, 2008.

25. RODRIGUES, Vilmar Antônio. Implementación de la red geodésica de la Unesp para la integración al sistema geodésico brasileño. Botucatu: Unesp, 2006. Disponible en: http://www.pg.fca.unesp.br/Teses/PDFs/Arq0096.pdf

26. SANTOS, Marinalva Nunes Martíns de Andrade. Aplicación de Geoprocesamiento para la gestión de vías públicas en el municipio de Itabira MG. Belo Horizonte: UFMG, 2004. Disponible   en: http://www.csr.ufmg.br/geoprocessamento/publicacoes/Marinal vaSantos2004.pdf

27. SCHUEDA, Diogo Ehlke. Aplicación de herramientas de georreferenciación en alumbrado público y uso de luminarias de alto rendimiento. Un estudio de caso en Araucária – PR. Curitiba: Universidad Federal de Paraná, 2011.

28. SILVA, Alison Galdino de Oliveira; AZEVEDO, Verónica Wilma Bezerra; SEIXAS, Andrea de. Métodos de levantamiento topográfico planimétrico para georreferenciar propiedades rurales. Actas del 1er Simposio de Geotecnología en el Pantanal, Campo Grande, Brasil, 11 al 15 de noviembre de 2006, Embrapa Informática Agropecuária/INPE, p.939-948. Disponible en: http://mtc-m17.sid.inpe.br/col/sid.inpe.br/mtc-m17@80/2006/12.12.13.39/doc/p111.pdf

29. SILVA, HR, ALTIMARE, AL, LIMA, EAC de F. Teledetección en la identificación del uso y ocupación del suelo en el área del proyecto "Conquista da Água", Ilha Solteira - SP, Brasil. Ingeniería Agrícola, Jaboticabal, v. 26, núm. 1, 2006.

30. VEIGA, Luis Augusto Koenig; ZANETTI, María Aparecida Z.; FAGGION, Pedro Luis. Fundamentos de Topografía. 2012. Disponible   en: http://www.cartografica.ufpr.br/docs/topo2/apos_topo.pdf

31. VELASQUEZ, Iara Ferrugem et al. Aplicación del Geoprocesamiento en Licenciamiento Ambiental del Estado de Rio Grande do Sul Disponible en: http://www.fepam.rs.gov.br/programas/paper_geo.pdf.